华章程序员书库

How to Write Good Programs

A Guide for Students

如何写出好程序

[英] 佩蒂塔·史蒂文斯 (Perdita Stevens) 著
王磊 周训杰 万学凡 译

图书在版编目（CIP）数据

如何写出好程序 /（英）佩蒂塔·史蒂文斯（Perdita Stevens）著；王磊，周训杰，万学凡译．-- 北京：机械工业出版社，2021.6

（华章程序员书库）

书名原文：How to Write Good Programs：A Guide for Students

ISBN 978-7-111-68532-6

I. ①如… II. ①佩… ②王… ③周… ④万… III. ①程序设计 IV. ① TP311.1

中国版本图书馆 CIP 数据核字（2021）第 123969 号

本书版权登记号：图字 01-2020-7583

如何写出好程序

出版发行：机械工业出版社（北京市西城区百万庄大街 22 号 邮政编码：100037）

责任编辑：王春华 孙榕舒　　责任校对：殷 虹

印 刷：中国电影出版社印刷厂　　版 次：2021 年 7 月第 1 版第 1 次印刷

开 本：186mm × 240mm 1/16　　印 张：12

书 号：ISBN 978-7-111-68532-6　　定 价：69.00 元

客服电话：（010）88361066 88379833 68326294　　投稿热线：（010）88379604

华章网站：www.hzbook.com　　读者信箱：hzit@hzbook.com

| Foreword 1 • 推荐序一 |

在1972年的图灵奖演讲中，计算机科学家、软件工程师Edsger Dijkstra回顾了自己作为荷兰第一位程序员的一些经历和感悟。虽然在题为“谦逊的程序员”的演讲中，Dijkstra饶有趣味地讲述了自己早年从理论物理学转向计算机科学的研究与实践的故事，但是他的一些发现确实令人沮丧：社会对程序员的表现和他们的产品并不满意。在计算机技术飞速发展的现实世界里，硬件产品的性能日益提升而价格却不断下降，同时，人们对各种媒体上不惜笔墨地描述的人工智能、大数据技术、量子计算等新兴领域的广阔前景充满向往。这一切都让今天的程序员承担着不可避免的压力。如何写出好程序正是每一位程序员都在思考和尝试的事情。

虽然探讨编程技艺的同道之人众多，但是个体的经验和结论可能千差万别。以我本人为例，三十多年前初学编程的时候，我对程序员这一职业完全没有概念。那时候，每个人都为自己独特的任务来编写程序，编程只是服务于主体目标的一项边缘工作。到了21世纪，软件工程作为一门学科已经结出丰硕的果实，软件工程专业在很多高等院校也已生根开花。打开主流的招聘网站就会发现，社会上对程序员这一工作的认可度也已经达到了相当的高度。软件成为人们生活、工作、学习、旅行、娱乐不可或缺的产品与服务，软件开发也被公认为一项复杂的生产活动。但是客观地说，对于编程本身的研究好像并没有激起太大的浪花。对那些渴望得到指点的初学者来说，找到如何写出好程序的答案远不是一件轻而易举的事情。

本书是一本名副其实的学习指南。不管是初学者，还是在键盘和屏幕前积累了不少开发经验的在职程序员，养成良好的编程习惯都是事半功倍的关键。我们知道，职业运动员的日常训练内容包括大量的体能训练，以及必不可少的动作规范性练习。虽然这些训练看起来和比赛没有直接的关联，但是没有人能否认好的成绩来自严格而规范的训练。当今社会对程序员的需求量较大，而优秀程序员的供给存在巨大的缺口，这导致很多程序员并没有经过充分而合理的训练就直接投入赛场参与比赛。不能否认实战对于程序员成长的作用，正如无法否认地基对于摩天高楼的决定作用一样。测试、调试、优化，让程序清晰而简洁，这些基本功恰好是一个程序员通向职业成功道路的铺路石。一旦能够开始编写好程序，享受编程的乐趣，获得职业的成就感，得到自身的满足感，这一良性循环就充满了正反馈。

作为爱丁堡大学的教授和软件工程研究者，作者 Perdita Stevens 并没有板起面孔去写一本严肃的教科书。读者在这本书中可以体会到作者就像导游一样，介绍了一段毫不枯燥的旅程。作者开启的是循序渐进的编程之旅：在旅途中，不仅用一些示例揭示希望表述的道理，还不断使用有趣的知识点和言简意赅的小提示引导读者的注意力。更有意思的是，通过多年教学得出的经验，Stevens 教授了解读者会在哪里遇到困难，于是在这些地方给读者提出了有价值的针对性建议。

本书的译者有着软件行业丰富的开发和管理经验，对于编程语言、开发工具和软件工程实践的出色理解无疑为翻译本书提供了坚实的基础。整本书读起来不仅非常顺畅，对比原文还可以发现，译者非但没有偏离原书作者的表达特点，而且在一些细微之处用心地照顾到了中文读者的阅读习惯。

可以说，这是一本值得刚上手编程的学生一读的好书。此外，对于有经验的程序员，这本书也打开了一扇用不同视角审视编程艺术的窗口。

沈刚
华中科技大学软件学院教授

Foreword 2 • 推荐序二

如果说现在是机器的时代，或者程序的时代，恐怕不会有人反对。事实上，程序已经多到我们通常会忽略它们的存在了。游戏、手机、远程教学软件，或者路边绚丽多彩的广告牌，背后都有程序在运行。

每日与程序为伴，促使我们去学习如何编写程序。

程序可以帮助我们解决复杂的问题，或者解决简单但烦琐的问题。不仅如此，学习编写程序还可以帮助我们理解它，理解机器，进而理解这个世界运转的规则。现在来看，如果存在两个世界，一个是我们身处的物理世界，另一个是数字或者虚拟世界，那么程序就是连接这两个世界的东西。我们借由程序，可以在这两个世界之间自由穿行。

程序员可能会有不同的想法。在他们受到的训练里，写程序是一件庄重又日常的事情。曾经有一本著名的书《七周七语言》，讲的是程序员如何在短时间内掌握尽可能多的编程语言。是的，这对他们有莫大的吸引力。而且，一旦进入程序的世界，你会发现那里跟色彩绚丽的广告牌一样丰富多彩。

程序员不仅要学会编写程序，还要学会测试和调试程序。为了编写大型程序，跟更多的程序员合作，他们要学会写整洁的代码，学会重构，让代码具有自解释性和可维护性。这让程序员更像是一个手艺人。

但这并不意味着你必须要成为一名程序员。

除了理解机器和这个世界，编写程序其实可以是一件很好玩的事情，尤其是当你看到计算机会听你的话，按照你的程序执行，得到你想要的结果的时候。慢慢地，你会发现你在用程序去表达你的想法，而且计算机可以理解它们，也就是理解你。

也许你会想到更多：除了方便自己，你的程序如何帮助更多的人呢？尤其是那些弱势群体，如何让他们生活得更好？如何让你的程序符合道德伦理，拒绝侵犯隐私，最后造福整个社会？

我想这才是好程序。

张凯峰

InfoQ 社区编辑

Foreword 3 • 推荐序三

两年前，我结束自己已从事十年的一线工作转职成为一名程序员培训师。在近两年的时间里，我在教学之余一直在思考与探索如何培养一名优秀的程序员，并不断总结与记录教学经验和对人员培养的理解。对于如何培养一名符合企业要求的、具备工程能力的程序员，最主要的其实只有两个方面：教会学员一门编程语言；帮助学员建立编程思维与解决问题的能力。

教会学员一门编程语言，这在整个教学活动过程中是一件非常简单的事情。通常在教学实践中会从第一个 Hello World 开始，帮助学员理解程序的本质，同时验证学员所安装的开发环境与开发工具的可用性。随后便可以按部就班地从变量到数据类型这样一路教下去，帮助学员弄懂每一个语法与函数的含义，通过在教学过程中使用大量的练习帮助其巩固技能，最终通过一个综合性项目使其所学的技能得到综合应用。以上便是学习一门编程语言的路径，也是许多程序员（包括我自己）学习一门编程语言的过程。

在教学实践中帮助学员培养良好的编程思维与解决问题的能力，则是一件艰难而复杂的事情，也是决定教学水平高低的重要指标。如果将学员从不会编程到学会编程形容为从 0 到 1 的过程，那从学会编程到可以编写出更好的程序就是从 1 到 100 的过程，而这个过程也是决定该学员对于企业而言是属于 60 分合格、80 分优秀还是 100 分卓越的关键。在这个过程中，学员的进步无法通过掌握语法与类库的累加来实现，而是必须在原有的、通过模仿套用现有案例完成代码堆叠的基础能力上，增加代码结构设计能力、工程代码管理能力以及代码问题分析、定位、调试与解决能力才能实现。总体而言，这个过程就是由掌握一门语言到可以独立承担一项工程研发任务的过程，其中最核心的任务便是帮助学员培养良好的编程思维与解决问题的能力。

上述两个方面在程序员的培养与成长过程中都非常重要，缺一不可。目前，市场上针对前者的课程、书籍与资料已经称得上汗牛充栋，但针对后者的学习资料却很少，即便找到寥寥数本，要么内容过于深奥复杂，仅仅书籍的厚度就让人“望而生畏”，要么太过零散简洁，犹如武林高手秘传的内功心法一般，令新人无从下手。本书的出现刚好填补了这一空白，其由浅入深地向读者讲述了写出好程序的思维与方法，并记录了作者丰富的编程思考与经验。

本书的译者是国内经验极为丰富的工程实践的优秀推广者，在其过往的工作中带领并培养出了在业内堪称具有优秀编程实践的研发队伍，对于研发人员的培养有深层次的体系化思考与实践。

我相信，无论是刚开始学习编程的“学员”，还是初入职场的编程“新人”，或者是具有一定编程经验的“老兵”，都可以从这本书中汲取到养分，收获良多。同时，这本书中的所思所得对于从事教学与培训行业的讲师与课程设计师而言，也有非常高的学习、借鉴与参考价值。

宋俊毅
牛鹭学院联合创始人

| Foreword 4 • 推荐序四 |

在编程的世界里，我是一名逐梦者，一名造梦者，亦是一名售梦者。

懵懵懂懂、跌跌撞撞、迷迷茫茫之间，撞入了程序的领域，是慌张，是欣喜，是困难，也是收获。或许和大部分人类似，初次接触编程，并没有激发我对编程的热情，我只是在用背诵代码的方式应付“考试”。直到我发现，助力我成功获得第一份工作的，并不是我背诵的那些少得可怜的语法，而是不知道什么时候刻入我骨子里的 clean code、思维方式和编程习惯。而伴随着由之而来的良性循环，我成了一名逐梦者。

编程是一种方式，是让计算机做你想让它做的事情，让程序去解决现实中的问题。同时编程也是一门技艺，编写优雅的程序需要高超的技巧和相当的审美观，就像是谱一首乐曲，音调应该是和谐的。在编程界，造梦者既在倾听，又在献策，既是赶工，又行美好，你需要捕获难以捉摸的需求，并找到一种表达它们的方式，以便机器能够轻松地理解。在项目时钟的滴答声中，赶工完成一项项工作的同时，你每天都在一点点地创造奇迹。

结构化思维在一定程度上指引着我们。先形成骨架，再去填充细节，去丰满内容，思维就会有迹可循，布局就会颇有章法，解决问题就会更有效率。那么，在学习编程的初期，抑或在有颇多编程经验之后再次回头梳理时，编程习惯的养成、抽象概念的提取，对于编程这条路来说，就像是提高了前进的加速度。这本书清晰流畅、行云流水，言语之间无一不阐述着那些通用的编程技艺。阅读本书，将从了解编辑器、IDE、版本控制、单元测试、测试程序、调试、重构、防御式编程、优化入手，磨炼基本功，进而培养良好的编程习惯，形成专业的风格和极致的治学态度，并在追求卓越的过程中积累习惯，将其变成编程道路甚至人生道路上的一种修养，这也许是作者、译者和我这名平凡的“程序媛”的售梦方式。

你、我，我们都已在编程的路上前行着，带着修行者的信念，坚定地前行着。我相信，若是归途，星海共读。

张喻

腾讯科技研发工程师

The Translator's Words • 译者序

程序，在计算机尚未普及的年代，对我们来说是一个神秘而又高深的概念。然而，在如今的信息社会，我们每天都会与各种各样的程序打交道，我们的生活早已无法离开程序，程序已成为数字化时代的一部分。

也正是由于这个原因，越来越多的同学和我们一样，选择了程序员这份职业。无论是编程的初学者，还是具有一定经验的程序员，抑或从业多年的技术专家，编写出更清晰、更正确、更健壮的程序，都是我们追求的目标。

现在，我们可以很容易地在市面上找到编程方面的书籍，它们或者是针对某一种语言的专业书刊，或者是某些技术细分领域的行业经验分享。但很少能有这样一本书：它通过具体的案例，清晰、系统地阐述编程技巧，并不限定于某一种语言，而是更关注传授可移植的编程技能，让读者在掌握编程技巧的同时，也能理解其背后的思想。这些思想，正是设计优雅程序的精髓。

这是一本分享经验与指引我们少走弯路的经典书籍，针对如何设计优质的程序提出了实用、权威的指导。对初学者来说，它是一本不可或缺的入门指南；对从业多年的开发人员和技术专家来说，它也具有相当高的参考价值。

我们几个译者是多年的同事和好友，也都在软件行业摸爬滚打多年。回想起在接触编程的时候，从刚开始简单的 Hello World 起步，再慢慢地开始编写能工作的程序，到如今设计复杂的系统架构，我们都不可避免地碰到过各种问题，比如：代码缺乏良好的可读性，致使维护效率低下；工作中缺乏良好的备份习惯，导致返工的时候成本太高等。所幸我们通过各种探索和总结，最终克服了这些问题。在翻译本书的过程中，我们多次感叹：如果能在从业之初就接触这本书就好了。

本书的作者 Perdita Stevens 是爱丁堡大学的教授，有着多年的编程和软件工程教学经验，她将教学过程中的经验提炼、总结并分享出来，我们在翻译本书的过程中，就好像在与一位编程大师对话。在本书中，Perdita Stevens 教授娓娓道出的内容，对同样是读者的我们来说也是一笔宝贵的财富。

感谢我们的家人，本书的翻译占用了我们大量的业余时间，对此他们给予了极大的理解与支持。更为可贵的是，在本书的翻译过程中他们提供了很多专业的意见和建议。没有他们的支持，我们是很难顺利完成本书的翻译工作的。

在本书的翻译及出版过程中，机械工业出版社华章公司的编辑们逐字逐句地进行检查、校对和修改，从而提高了译文的质量。谢谢他们！

王磊 周训杰 万学凡

2021 年 4 月于武汉

| Contents • 目录 |

推荐序一

推荐序二

推荐序三

推荐序四

译者序

01 第1章 介绍 1

1.1 本书适合谁 3

1.2 关于方框 4

1.3 本书的结构 6

1.4 致谢 6

02 第2章 什么是好程序 8

03 第3章 如何开始 11

3.1 究竟什么是程序 11

3.2 你需要什么 12

3.2.1 使用交互式提示 13

3.2.2 使用文本编辑器 14

3.3 了解待办任务 16
3.4 编写程序 18
3.4.1 设置任务 19
3.4.2 朝着完全正确的代码迈进 24
3.5 感到困惑时怎么办 25

04 第4章 如何理解编程语言 29
4.1 编译与解释 30
4.2 类型 33
4.3 结构 36
4.4 历史、社区与动机 38
4.5 范式 39

05 第5章 如何使用最佳工具 42
5.1 使用最基本的工具 43
5.2 什么是 IDE 44
5.3 展望 47

06 第6章 如何确保程序不会丢失 48
6.1 立即恢复：撤销 49
6.2 基本灾难恢复：文件 49
6.3 避免灾难：保存版本 51
6.4 流程自动化：使用版本控制系统 52
6.5 管理未使用的代码 54
6.6 备份和云 56

07 第7章 如何测试程序 59

7.1 手动测试 60
7.2 基本的自动化测试 62
7.3 正确的自动化测试 65
7.4 你应该进行哪些测试 66
7.5 应该在何时编写测试 68
7.6 基于属性的测试 69

08 第8章 如何让程序清晰 72

8.1 编写清晰的代码对你有何帮助 72
8.2 注释 74
8.3 名字 77
8.4 布局和留白 80
8.5 结构和习惯用法 83

09 第9章 如何调试程序 87

9.1 当程序还无法运行时 89
9.2 当程序执行错误时 94
9.3 纸板调试法 103
9.4 如果这些都失败了 103
9.5 修复 bug 104
9.6 修复 bug 后 106
9.6.1 查找类似的 bug 106
9.6.2 避免重复出现相同的 bug 108
9.6.3 防御式编程 112

10 第10章 如何优化程序 114

10.1 可维护性 115

10.1.1 消除重复 116

10.1.2 选择抽象 120

10.2 效率 122

10.3 重构 126

10.4 提升技能 129

11 第11章 如何获得帮助 132

11.1 解决一般问题 133

11.2 解决具体问题 135

11.2.1 从错误信息中获得帮助 136

11.2.2 查找说明和有用的代码 137

11.2.3 解决复杂的程序问题 138

11.2.4 寻求帮助 140

11.2.5 入门帮助 141

11.3 当老师让你困惑时怎么办 142

12 第12章 如何在课程作业中取得好成绩 144

12.1 七条黄金法则 144

12.2 上机实验 146

12.3 课程设计 147

12.4 团队合作 148

12.5 演示 149

12.6 反思写作 150

13
第 13 章
如何在编程考试中取得好成绩 152

13.1 准备考试 153

13.1.1 了解考核内容 153

13.1.2 用以前的试卷练手 154

13.1.3 考试规划 155

13.2 考试中 155

13.3 书面考试的具体要点 156

13.4 上机考试的具体要点 156

13.5 选择题考试 157

14
第 14 章
如何选择编程语言 159

14.1 需要考虑的问题 159

14.2 你可能遇到的几种语言 162

14.3 语言环境的变化 164

15
第 15 章
如何超越本书 166

15.1 编写更多程序 166

15.2 特定的编程语言 167

15.3 一般编程 167

15.4 软件工程 168

15.5 编程语言理论 170

参考文献 172

第 1 章

介　　绍

也许你正在大学里主修编程课程；也许你还没有太多的编程经验；也许你已经写出了相当多的程序，但现在迫切希望能提高程序的编写质量——只要致力于学习编程，并且想要取得长足的进步，这本书就正好适合你。本书旨在帮助你学习如何写出好程序，无论使用的是哪一种编程语言。真希望回到 40 年前，我刚刚开始编程的时候能有这样一本书来指导我。所以在多年后的今天，我要把这本书推荐给我的学生，特别是我的一年级本科生。

让我们首先解决一个问题：有一种理论，将学生区分为“编程型绵羊”和“非编程型山羊”，就像人的编程能力是与生俱来的一样。根据我超过 25 年的教学经验和目前绝大多数的研究结果，这显然是不正确的。我已经记不清目睹过多少次，学生在一开始的学习中非常吃力，也许甚至连第一门编程课程都没法及格，但后来却成了非常优秀的程序员。还有些学生，因为拥有比他们身边大多数人更多的编程经验而尤为自信，但后来他们才意识到，自己还没有开始迎接软件开发过程中最有意思的挑战。

有些人是从最开始就热爱编程。他们可能在很小的时候就开始写代码，甚至通宵达旦而不知疲倦。这真的很棒！如果你是其中的一员，我衷心希望你能从这本书中受益。但是，开诚布公地说，我自己并不是这种人。事实上，当我还是个孩子，第一次接触编程的时候，我还没有对编程的热情。我一直没有在编程上投入很多时间，直到二十多岁时，我遇到了一个不用程序就无法解决的问题。我用心地去学习编程是因为有一个问题急需解决，而且无法用程序之外的其他方法去解决。

小提示

要写出好程序，你**不需要**热爱编程。此外，即使是热爱编程的人也无法确保写出好程序。因此，每个人都必须认真学习如何编写好程序。

最重要的是建立一个良性循环。你的程序做得越好，编写的过程就越有趣。

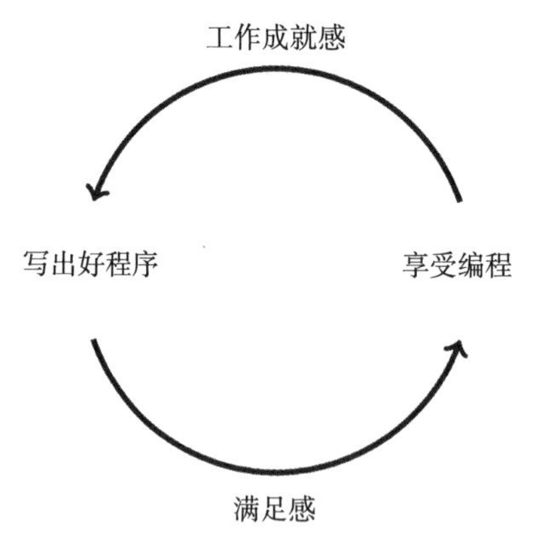

也许你认为，需要花更长的时间才能写出好程序，但又不确定它们是否值得你投入这么多。通过阅读本书，你会非常惊讶地发现，与任何之前编写的程序相比，好程序可以节省你的时间和精力。如果愿意，你可以把这些时间和精力用来写更多的程序。当然，你也可以用在其他方面。

这本书不会教授任何特定的编程语言——因此你需要配备另外的书、课程或者在线教程，市面上有很多可供选择。本书的作用是在你学习任何编程语言的过程中提供帮助，尤为特别的一点是，本书不仅将帮助你学好这门语言，还有助于加深对它的理解，使你可以更容易地转移到下一门语言的学习中。在一般的编程课程中，往往将一些知识点视为学生能够在潜移默化中自然而然就掌握的东西，因此并不加以详述；但在编程的实践中，这些知识点常常成为学习中的拦路虎。大部分针对专业人士的书籍，总是会假设你能够顺利地使用编程语言去表达想要表达的东西，尽管这对于学生来说并不是轻而易举就可以得到的能力。本书涵盖了这些书籍及课程中容易疏漏的方面，将帮助你找到在学习中脱困、解惑和排错的方法。

你将学会编写易于理解和修改的代码，不仅在你最熟练的时候是这样，在你还不那么熟练的时候也是如此。这样将会大大降低你所承受的压力，还能教会你以最好的方式“偷懒”。

不过，将一件事情做好，就会带来一定的满足感，这正是良性循环的运作方式。

Robert C. Martin在他为专业软件开发人员编写的经典著作《代码整洁之道》（*Clean Code*）中谈到，程序员需要有“代码意识”。代码意识可以让一个经验丰富的专业人员辨别出什么是好的代码，什么是坏的代码，以及系统地开发好的代码——这点尤为不易。如果你刚开始接触编程，这就是需要着力培养的能力。这种能力不可能在一天、一周或一年内培养出来，但是，只要按照本书所鼓励的方式去特意培养，你就会逐步提高自己的代码意识。

1.1 本书适合谁

如果你正在学习编程，那么本书再合适不过了。

如果你正在帮助其他人学习编程，本书也适合你。

如果你是一名专业的程序员，这本书不是为你准备的——但无论如何，欢迎你阅读它。也许你愿意把它推荐给别人。我热切期盼你的意见与建议。

1.2 关于方框

书中会出现各种方框。方框中有些是小提示，比如这个：

小提示

关于拼写的说明：如果你用英式英语拼写，可能会使用“programme”而不是“program”。然而，按照惯例，编写计算机程序时会使用美式拼写。这偶尔是一种有用的歧义消除的方法，而计算机科学文献可能会涉及“programme”和“program”两种拼写方式。通常情况下，这只是你必须了解的事情之一。

有些是术语的解释，比如这个：

术语：编码、编程、软件工程

编码、**编程**和**软件工程**三者互有重叠，都涉及给计算机下指令。它们的复杂程度依次递增。软件工程师可以编程，程序员也可以编码，但反过来就不一定了。编码员可能只会把精确的英文指令翻译成编程语言。程序员要负责决定编写什么、什么时候完成。软件工程师通常作为团队的一员参与工作，用高质量的软件解决实际问题。

在学习和理解了本书的内容之后，你将具备向软件工程发展的能力：在第 15 章中会有更多的相关内容。

方框中还会包括故事，比如这个：

小故事

有些人从开始接触编程就被它所吸引。我并不是这样的人。我觉得程序可以做一些相当有趣的事情，比如写程序来输出一个质数列表。但在我年轻的时候，编写电子游戏看起来是你能用计算机做的唯一一件事情，而我当时并没有对电子游戏产生兴趣。我真正努力做的第一个程序是我在攻读数学博士学位时写的。当时我有一个猜想，我认为它对于所有的整数 n 都是正确的（这涉及一系列深奥的数学结构集合，即 $GL(2, \mathbb{Q})$ 的 Weyl 模块）。然而，在 n=5 之后，验证它的计算就变得太烦琐了，无法用手工计算来完成。所以我写了一个程序来验证我的猜想，并且很容易就证明出我的猜想是正确的，至少，在所有 n 到 10 000 的情况下，这个猜想都是正确的。当然这并不能作为证明方式，但它给了我寻找证明的信心。最终，我找到了。

当然，还有很多程序的例子。这是一个 Python 的示例：

Python 示例

```
print("Hello,␣World!")
```

请注意，程序并不总是完整的。例如，Java 代码必须在一个类内的方法里面，但我通常会省略这些部分，比如这样编写：

Java 示例

```
System.out.println("Hello,␣World!");
```

而不是像这样：

Java 示例

```
public class HelloWorld {
    public static void main(String[] args) {
        System.out.println("Hello,␣World!");
    }
}
```

如果有的程序示例不能让你立即明白，不必担心，但你一定要看一看。本书基本上支持你正在学习的任何语言——只是偶尔会有一些专门针对某一种语言的要点。如果把示例与上下文结合起来阅读，你可能会发现，自己可以理解用一门尚未掌握的语言编写的示例的要点。学会跳出目前所学的任何一种语言的局限去思考，并在不同的语言之间灵活运用编程技能，这是成为一名优秀的软件开发人员需要具备的重要能力。如果正处于编程生涯的初期，你甚至可能还没有最惯用的语言。我选择了 Java、Python 和 Haskell 的例子：这些都是早期编程课程的常用语言，它们之间形成了很有趣的对比，因此在这些语言之间我们能覆盖很多领域。

为了指导进一步的阅读，并帮助你将所学的内容与正在学习的编程语言的上下文相匹配，我通常会建议用搜索引擎来获取相应的信息，例如这样：

🔍 一些语言问题 + 你的编程语言

1.3　本书的结构

学习编程的本质是同时提升多项技能，因此我尽量在各章节之间加入了许多交叉参考资料，同时也留有足够的自由度，让你可以随心所欲地在书中畅游。

第 1 ~ 3 章，让我们开启编程学习之旅。第 4 章将帮助你把正在学习的语言置于所有编程语言的视野中。第 5 ~ 11 章是本书的核心，你很可能会频繁地翻阅这几章。第 12 章和第 13 章专门讲述如何在编程课程中取得好成绩，如果你正在自学编程，完全可以跳过这些内容。第 14 章和第 15 章是本书内容的扩展，希望能对你未来的编程生涯有所帮助。

1.4　致谢

衷心感谢我所有的学生、同事和朋友，他们对本书提出了宝贵的意见：Alejandra Amaro Patiño、Paul Anderson、Julian Bradfield、Robin Bradfield、Carina Fiedler、Vashti Galpin、Lilia Georgieva、Jeremy Gibbons、Kris Hildrum、Lu-Shan

Lee、James McKinna、Greg Michaelson、Hugh Pumphrey、Don Sannella、Jennifer Tenzer 和 Tom Ward。

特别感谢剑桥大学出版社的所有工作人员，尤其是我的编辑 David Tranah，以及提出有益建议的匿名读者。

当然，囿于能力，书中难免存在疏漏。非常欢迎读者们的宝贵反馈！

Perdita Stevens

phowto@stevens-bradfield.com

第 2 章

什么是好程序

一本讲述如何写出好程序的书，最好先说清楚什么是好程序。这一点在很大程度上取决于上下文，我们将在第 10 章中对此进行更多讨论。但现在，让我们先从争议最小的标准开始说起。

> **标准 1**
>
> 好程序做它们应该做的事情。

好程序必须是*正确的*。如果你的程序做了错误的事情，那它就不是好程序——至少目前还不是。这是本书大部分内容的主题，特别是第 7 章和第 9 章。

但无论何时，当你需要改变你的程序时——无论是因为它还没有做它应该做的事情，还是因为它应该做的事情在你第一次编写代码之后发生了变化——你都会关心其他一些标准。

标准 2

好程序都编写得非常清晰。

好程序应该尽可能易于阅读和理解。这不仅是第 8 章的主题——在整本书中，我们都将讨论如何清晰地编写程序，从而帮助你确保程序正确运行。

你经常会听到人们基于这个观点的讨论：

标准 3

好程序都非常简洁?

这个观点有点道理——编写得清晰的程序确实往往也是简洁的，尤其是因为它们会倾向于避免代码重复。也就是说，它们会用少量的代码行提供大量的功能。然而，这本身并不是一个好的目标——相反，这应该是写出清晰、正确的代码的必然结果。经常会发生这样的情况：人们过分看重代码的简洁性，结果却造成代码变得不那么清晰。

如果你是学生，并且正在学习编程课程，可能无法避免这个标准：

标准 4

好程序可以得到高分。

这是第 12 章和第 13 章的主题。当然，我们希望你的程序在其他方面能表现优异，而高分只是附带效应……

还有许多其他标准也很重要：好程序通常需要高效、可移植、灵活、可测试、内存效率高、可并行等。我们将在第 10 章中简要地介绍其中一些标准，但在大多数情况下，具体讨论这些标准超出了本书的范围。我们将强调保持你的程序正确且清晰是实现所有这些标准的关键。本书最后两章，即第 14 章和第 15 章，将有助于引导你进入这些更高级的领域。

伦理

作为对“得到高分”标准的反制，让我们以严肃的态度结束这一章。如今，计算机无处不在，这意味着程序的质量影响着我们身边的一切：从游戏是否有趣，到隐私是否得到保护，再到生死存亡。写出好程序真的至关重要。正因如此，专业的软件开发人员——以及其他人员——越来越需要严格遵守代码编写的准则。尽管学习和理解本书的内容会推动你朝着正确的方向迈出一大步，但我们需要做的绝不仅仅是“写出好程序”。道德编程包括坦诚地面对你对于自己的程序到底有多大的信心，坚持质量控制流程，以及确保如果你犯了错误（每个人都会犯错）就在它造成损失之前发现并纠正这个错误。道德编程还包括做一个正直的人：比如，软件行业存在性别歧视问题，你应该致力于解决这个问题。

想要了解更多信息（包括职业行为准则），请搜索：

编程伦理

第3章

如何开始

在本章中，我们假设你即将开始编程课程中的第一次练习，或者，你正在开始自学一门新的语言。不管是哪一种情况，你都需要创建一个程序。你可能已经得到了一步步的指导，但还是需要读一下本章：它将这些指导融入上下文中，并指出那些容易被忽略的地方。

3.1 究竟什么是程序

> **术语：程序**
>
> **程序**是你想让计算机遵循的指令集合。

可以这样说，我们最好把程序看作一条可能具有复杂结构的指令。在这里我们使用“集合”这个词的方式和在数学中的方式完全不同，我们指的是日常英语意义上的“集合”。其他类似的指令“集合”的例子包括烹饪食谱、乐高玩具的拼接说明书或者自组装家具的安装手册等。然而，这些都是典型的简单指令列表，告诉你先做一件事，然后再做另一件事，而程序可以有更加有趣的结构。程序的各个部分组合成一个整体的方式，就是不同语言之间的差异之一，所以必须在特定语言的环境中学习。

计算机是一台机器：它将盲目地执行你的指令，完全地、不假思索地服从。不过，在它这样做之前，你的指令将被（其他程序，包括编译器或解释器）加以翻译，从编写指令的形式（程序），翻译成能够影响计算机硬件的形式（最终成为二进制代码，0 和 1）。这个翻译过程（我们将在第 4 章中详细说明）自然会使你的编程工作变得更加便利，因为用现代编程语言来编程要比用二进制代码编程容易得多。然而，这种便利性可能会诱使你忘记计算机到底有多么愚蠢。如果其中一个翻译步骤拒绝接受你的大多数错误，那么最后很容易认为，如果程序到了能够运行的地步，就意味着计算机“理解”了程序，会“懂你的意思”，会执行一些合理的操作。这其实是一种错觉——这种错觉可能很有帮助，但你需要消除这种虚假的错觉。

计算机（即使它所有的软件都在运行）并不智能：它不是朋友，也不是敌人。它只是一台机器。学习编程也包括了解如何使这台机器做你想让它做的事情。

3.2 你需要什么

一个程序就是一组指令，这些指令最终将被翻译成可以在计算机硬件上运行的形式。你将需要：

1. 一种表达指令的方式。

2. 一种让它们在计算机硬件上运行的方法。

让我们先来考虑第二点。你可能需要提前从网上下载一些软件来安装你的编程语言，除非你已经安装完毕，或者使用的是纯在线系统。具体要怎么做取决于你所学习的语言和你所使用的计算机。搜索：

安装 + 你的编程语言

这样通常可以帮助你找到具体的说明。第 4 章将更详细地说明运行程序的过程，以及为什么在不同的语言下程序的运行过程会有所不同。你也可以搜索：

新手入门 + 你的编程语言

小提示

有些语言（在本书写作之时，Python 就是一个显著的例子）有几个明显不同的版本。在语言的一个版本中正确的程序，放在另一个版本中可能不正确。请检查你安装的版本是否与课程使用的版本相同。

接下来，你需要用一种方法来表达指令。你可能正在使用图形化编程语言，比如 Scratch，在这种情况下，可以通过在该语言特有的应用程序中操作图形元素来实现这一点。不过通常情况下，你需要键入指令，即需要编写一个程序。不过，在什么地方进行输入呢？主要有三种选择：

1. 在一个交互式的提示下。
2. 在一个用文本编辑器创建的文件中。
3. 在集成开发环境（IDE）中。

术语：集成开发环境

集成开发环境是一种支持程序开发全过程的应用程序。

我们将在第 5 章中介绍 IDE。在本章中我们将讨论更基础的开发环境。

3.2.1 使用交互式提示

在某些语言中——包括 Python 和 Haskell，但不包括 Java——你可能会在某种交互式的提示下开始探索你的语言，这有时被称为“读取 – 求值 – 输出”循环，或简称为 REPL。在语言安装成功后，可以通过在操作系统命令行中输入命令来启动它的交互式工具，结果是会得到一个语言级的交互式提示。注意不要混淆这两种提示：它们代表不同的输入。例如，操作系统命令行代表的是启动应用程序的指令，而语言级交互式提示则要求在编程语言上下文中有意义的内容。下面是在 Python 和 Haskell 的交互式提示下进行交互的示例（“[. . .]”代表一些不影响学习、可忽略的输出，这将取决于你的语言环境）。

Python 示例

```
Python 3.7.3 [...]
>>> 3+4
7
>>>
```

Haskell 示例

```
GHCi, version 8.4.3: [...]
Prelude> 3+4
7
Prelude>
```

（到目前为止，Python 和 Haskell 都是一致的——这很好！）

Jupyter notebooks[⊖]提供了一种与使用交互式提示类似的体验。它可以将格式化的文本和代码混合在一起进行编程，这为教师指导学生完成早期的编程阶段提供了方便。它也是一种共享数据和处理数据的常用方式。但是，Jupyter notebooks 对于正式的代码开发来说并不是很方便，不建议采用，如果你学习的是专门针对它的课程那就另当别论了。

3.2.2 使用文本编辑器

一个交互式的提示，就其本身而言，仅仅适合做最基本的探索，比如你想尝试

⊖ https://jupyter.org/

一下只使用一行程序代码的效果。下一步是将程序保存在一个文件中，并使用文本编辑器进行编辑。（稍后，你可以在交互式提示下加载文件，以测试和改进代码。）如果你已经有了一个喜欢的文本编辑器，请打开它，然后跳转到下一节……

……但如今，很多刚接触编程的人都拥有所谓“所见即所得”的文字处理器（如 Microsoft Word）的使用经验，却没有文本编辑器的使用经验。文字处理器和文本编辑器之间的界限可能会变得很模糊，但从根本上说，文本编辑器以字符列表的形式对文件进行操作。当你在文本编辑器中处理一个文件时，会清楚地知道自己正在保存什么，因为在文本编辑器中看到的是相同的字符列表。而文字处理器，即使是在一个基本上只是文本的文件上操作，也会保存更多关于你希望的文本外观的信息：比如，选择哪种字体。这样做的结果是，如果你使用文字处理器编辑过一个文件，那么以后往往只能使用相同的文字处理器打开它。文本编辑器保存的是一个纯文本文件，它可以被其他任何文本编辑器读取和编辑。编程工具希望用纯文本文件作为它们的程序输入，不过这种文件通常会被赋予一个特定的后缀，如 `.java`、`.hs` 或 `.py`，而不是 `.txt`，以表明文件中的内容实际上是一种特定语言的程序。

组织你的文件

文件被归入一个层次分明的树形**目录**或**文件夹**系统中（根据所使用的操作系统的不同，你可能会接触到其中的一个或两个术语：但它们的意思是相同的）。首先你至少会有一个主目录，然后可以创建自己的子目录来组织你的文件。例如，如果你正在学习一门名为“Programming 1”的课程，可以在主目录下创建一个名为“`Programming1`”的子目录，然后就能很方便地把为这门课程编写的所有程序都保存在那里。当你开始为这门课程编写“练习 3”时，还可以在“`Programming1`”中创建一个新的子目录，命名为“`Exercise3`”，用于存放那些特定的程序文件。如果你通过从命令行调用某个工具（如编辑器）来运行它，需要确保你在正确的**当前目录**下执行你想要执行的操作，这样该工具就能查找到想处理的文件，而不需要向它们发出复杂的指示。如果对这些还不熟悉，可以搜索：

命令行 + 你的操作系统

更改目录 + 你的操作系统

每台现代计算机至少都有一个文本编辑器。在 Windows 上，可以找到记事本；在 Mac 上，可以找到 TextEdit；在 Linux 上，可以找到 vi 或者 Emacs（如果有 Emacs 的话更好[⊖]）。你可以从所拥有的任何一种开始。之后，可以切换到任何喜欢的文本编辑器（除了 Emacs 之外，Atom 和 Sublime 是许多平台上流行的文本编辑器，在 Windows 上，许多开发人员喜欢用 Notepad++）或者切换到集成开发环境（见第 5 章）。你可以使用菜单选项打开和保存文件，这些基本的编辑操作非常简单易懂。如果遇到困难，可以搜索：

你的编辑器名称 + 教程

这是一个很好的办法。

3.3　了解待办任务

在早期的编程练习中，你通常会先拿到一个模板文件，里面已经包含了程序的某些部分。这样一来，你只需要填补那些缺失的代码，而不需要编写整个程序。例如，在过去的 Haskell 课程中，可能会看到这样的文件：

⊖　“编辑器之战”是一个在计算机科学家之间广为流传的笑话。我以此表明自己拥护哪一边——如果你不相信，可以自行搜索一下。

Haskell示例

```
say :: Integer -> String
say = undefined

main :: IO()
main = mapM_ putStrLn $ map say [1..100]
```

以及指令：

Fizz Buzz练习

你的Haskell程序需要打印1到100的数字，每个数字另起一行，除此之外：

- 每当碰到能被3整除的数字时，将其替换为“Fizz”。
- 每当碰到能被5整除的数字时，将其替换为“Buzz”。
- 每当碰到能同时被3和5整除的数字时，将其替换为“FizzBuzz”。

练习所提供的`main`函数，将逐个对每个数字调用`say`函数并打印结果。你的任务是编写`say`函数。例如：

- `say 1` 返回“1”。
- `say 10`返回“Buzz”。
- `say 30`返回“FizzBuzz”。

之所以使用模板文件是因为你无法同时学习或教授所有内容。在这个例子中，在第一周的Haskell课程中通常不会包括定义`main`函数所涉及的知识。

小提示

每当有代码可供使用时，你就要抓住机会从中学习。你能学到多少？能从中识别出你不知道的某些知识点吗？

如果没有模板文件供你练习，那么在一段介绍性文字之后，问题可能会是：

创建一个名叫 ××× 的类……

向类中添加一个函数……

向函数中添加代码……

例如，另一个版本的 Fizz Buzz 练习可能会像这样开始：

> **Fizz Buzz 练习**
>
> 编写一个叫 fizz_buzz 的 Python 函数，函数接收一个整数 n 并打印从 1 到 n 的数字，每个数字另起一行，除此之外……[说明同上]

在开始敲代码之前，先仔细阅读这些说明，确保你充分理解了题目的要求。切记，由于计算机只是一台机器，所以像名称这样的细节可能会至关重要。如果你要编写一个函数，题目会告诉你某种情况下函数应该返回什么。通过找到另外一到两种情况的返回值来验证你的理解。在纸上或电子设备上记录下来——你会在以后的测试中用到它们。

3.4　编写程序

> 
> **小提示**
>
> 初学者所犯的最大的错误就是在检查其程序是否有效之前编写了太多代码。

在计算机发展初期，程序员必须通宵达旦地制作打孔卡，并将它们送到别处运行。你就幸运得多了！如果你对自己第一次就正确地编写出整个程序的能力有任何怀疑，那么可以将任务分解为更小的单元，并在开始之前先检查每个单元是否工作，这样会从整体上节省时间。通常我会建议自外向内：先编写代码的骨架，再填充细节。如果你要编写一个类，或者一个函数，那么语法是怎样的呢？

术语：语法和语义

简单来说[⊖]，编程语言的**语法**就是告诉你，在这门语言中哪些写法是合法的。只有当程序的语法正确时，才有必要进一步了解它的作用或含义，即它的语义。

即便是很小的错误也会使程序无法工作，比如把大括号放错地方或是遗漏了一个分号。虽然代码意图对人类来说似乎显而易见，但计算机无法理解，只会提示语法错误。好消息是通常这样的错误很容易修复——计算机一次只会返回一个这样的错误，这就是为什么你应该抓住一切机会去检查，确认到目前为止代码都是正确的。

3.4.1　设置任务

一般来说，首先必须了解的是，你所编写的程序将会被调用的部分是什么。通常题目会告诉你应该使用什么名称。如若这样，请原封不动地使用它——比方说，就连字母大小写都与给定的名称保持一致。如果没有给定名称，请使用一个你目前能想到的最具描述性的名称（就算是叫“Question 1”也没关系），但要记得在稍后用更好的名字替换掉它。

从编写代码骨架开始，可以让你在实现具体行为之前先检查程序。例如，如果问题是关于 Java 语言，并以“创建一个叫作 MyClass 的类”作为开始。你可以输入：

Java 示例

```
public class MyClass {
}
```

就很多语言而言，你已经编写出了一个合法的程序，即便像上面这个例子中那

⊖ 我们在此稍作简化，例如先忽略“静态语义”的问题。

样，类里面什么都没有写。在 Haskell 语言中，了解 undefined 这样一个特殊的值很有用，它的工作原理正如它名字所描述的那样[㊀]。

Haskell 示例

```
myFunction :: String -> String
myFunction = undefined
```

这里可以看到 undefined 被用在了 Fizz Buzz 的模版文件中。稍后我们将看到 Python 语言中的 pass 也有相似的作用。

如果你在使用编译型语言，可以通过编译程序来检查到目前为止是否有语法错误。如果不是，就按照当前语言的说明，通过运行程序来检查语法是否正确。当然，这样能同时确保你知道如何编译或运行程序。如果有错误，发现得越早，越容易修复；如果没有错误，那么祝贺你，干得漂亮！

在刚开始学习一门语言时，经常会遇到一系列没有人提醒过你的问题，这是因为你所遇到的问题对于有经验的人来说根本不是问题。如果发生这样的情况，不要气馁！抓住每一个机会检查你的程序，这些基础的训练很快就会让你培养出良好的编程习惯。

小故事

Leslie 正在学习 Haskell 课程。她读到的问题是：

写一个函数 max，它接受两个整数，并返回其中较大的值。

她记得有人告诉过她，当用 Haskell 编写一个函数时，应该先给出它的类型，然后再给出它的定义。她还记得（因为这种情况很奇怪）有两个输入的函数类型会有两个箭头[㊁]。

她向（被安排使用的）环境 GHGi 中输入：

```
max :: integer -> integer -> integer
```

㊀ undefined 表示“未定义”，是一个特殊值，通常用于指示变量尚未赋值。——译者注

㊁ 这是因为严格来说，任何 Haskell 函数都只有一个输入！提供“第一个”输入会产生一个能够接受“第二个输入”的函数。如果你想了解更多关于这方面的知识，请搜索柯里化（currying）。

并单击返回。

不幸的是，她收到了错误信息：

```
<interactive>:8:1: error:
  No instance for (Ord integer1) arising from a use of 'max'
  Possible fix:
    add (Ord integer1) to the context of
      an expression type signature:
        forall integer1. integer1 -> integer1 -> integer1
  In the expression: max :: integer -> integer -> integer
  In an equation for 'it': it = max :: integer -> integer -> integer
```

这对她来说并不意味着什么，但她并不惊慌。她意识到的第一件事是，她在应该输入 Integer 的地方输入了 integer。大小写往往非常重要！应该更正为：

```
max :: Integer -> Integer -> Integer
```

……不幸的是，结果只是收到了一个不同的错误信息。哦，天哪。她应该怎么办？

她翻开她的 Haskell 教材，发现里面提到了如何在命令行与 GHCi 进行交互，但大多数情况下似乎建议在文件中编代码，然后用 `:load` 加载文件。她试着这样做：

```
Prelude> :load "max.hs"
```

接下来，她发现：

```
max.hs:1:1: error:
    The type signature for 'max' lacks an accompanying binding
      (The type signature must be given where 'max' is declared)
  |
1 | max :: Integer -> Integer -> Integer
  | ^^^
[1 of 1] Compiling Main             ( max.hs, interpreted )
Failed, no modules loaded.
```

她认为这意味着必须定义函数并声明其类型。于是她在文件中添加了一个定义：

```
max :: Integer -> Integer -> Integer
max x y
  | x >= y      = x
  | otherwise     y
```

（幸运的是，她还记得有人告诉过她要使用空格，而不是制表符），但得到的是：

```
Prelude> :reload

max.hs:7:1: error:
    parse error (possibly incorrect indentation or mismatched brackets)
[1 of 1] Compiling Main             ( max.hs, interpreted )
Failed, no modules loaded.
Prelude>
```

她觉得这没什么用，尤其是她的程序只有不到7行，所以很难理解“7:1”是什么意思。不过，她并没有慌张，并在最终发现她只是在最后一行漏掉了一个“=”。她把“=”放了进去，这一次终于成功了！

对Leslie来说，这并不是一次有趣的经历，但至少，她是在打完4行后就检查自己的操作是否正常，而不是在40行之后再检查，这让她更容易解决程序中存在的问题。

你要编写的一些指定代码可能是函数或类的方法。一个纯函数——就像小故事中的max——本质上是一个数学函数的程序化版本，你可以看到它被表示为一个盒子，有一个或多个箭头朝向里面，一个箭头朝向外面，如图3-1所示。

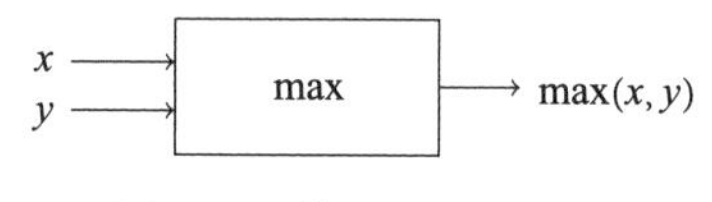

图3-1 数学（纯）函数

在这里，不管在盒子里进行什么计算来根据输入产生输出，都是与外界隔绝的：函数max的操作就像一个黑盒子，有不可穿透的壁垒。不过，根据使用的语言，你的编程函数或方法可能是不“纯”的：也就是说，它可能会访问输入以外的数据，或者它可能会产生其他效果，比如改变屏幕上显示的内容。你可以把这种不“纯”想象成图3-1中的盒子，其边界并非完全封闭。

除了确保函数[⊖]的名称正确外，你还需要保证代码显示了正确的参数（也就是是

⊖ 方法（面向对象编程中使用的术语）是一种（非纯）函数，所以我们通常只说“函数”而不是“函数或方法”。

输入)，以及参数顺序都是正确的。如果需要给定类型，那么参数和返回值的类型必须正确。所有这些信息可能都在回答这个问题：如何将参数输入你的程序中。有时这是很简单的。比如，在 Fizz Buzz 的 Python 示例中，我们要写的函数必须取一个整数参数，并且不返回任何值，我们可以写成：

Python 示例

```python
def fizz_buzz(n):
    pass
```

关键字 pass 在这里表示“什么都不做”，之所以有这个词是因为在 Python 中不允许存在完全空白的函数体。如果你正好不知道 pass，你可能会选择编写 print(1) 或者其他内容来代替；关键在于，现阶段我们还不用考虑函数的功能，只需要写出它的外壳，其他的尽可能少写。

如果你要编写的函数需要返回值，那么你的代码将必须返回些什么，很可能还需要返回正确的类型，然后才能让它正常运行而不出现 bug。在你思考函数真正要做什么之前，先这样做。在 Fizz Buzz 的 Haskell 示例中，可以用这个函数来替换你所给出的未定义的 say 函数：

Haskell 示例

```haskell
say :: Integer -> String
say n = "1" -- TODO
```

不可否认，这只是在模板上的一个微小改进，但至少，在选择“1”作为返回的固定字符串值时，我们编写了一个对于输入值 1 是正确的函数！“--TODO”是一个注释：加入这个函数对计算机来说没有任何区别，但它会提醒你还没有完成。我们将在第 8 章中对注释做更多讨论。

再举一个例子：如果要求你编写一个名为 calculate 的公共方法，它接受一个 double 类型的参数，并返回一个 int 值，你可以写成：

Java 示例

```
public int calculate(double d) {
  return 0; // TODO
}
```

并再次检查你的代码是否正常编译。

一旦进入这个阶段，就表明你已经知道了函数或方法是如何在语言中定义的，而且已经理解了类的概念。这一点很重要，如果是为了课程得分而编写程序，做好这一点可能已经为你赢得了一些分数。

小提示

人类一般不会有意识地注意到自己所阅读内容中的错别字，但计算机与人类不同，它可能会被最微小的错误搞糊涂。因此，要养成一个习惯，随时检查自己有没有拼写错误或者把小写字母写成了大写字母，反之亦然。

3.4.2 朝着完全正确的代码迈进

接下来，让我们继续了解你要实现的实际功能是什么。同样，不要觉得你必须一次性全部做好。让我们看看 Fizz Buzz 的 Python 示例。假设你认为你知道如何打印从 1 到 `n` 的数字：在为 Fizz 和 Buzz 的替换担心之前，先检查一下。可以将你的函数改写为：

Python 示例

```
def fizz_buzz(n):
    for i in range(1, n):
        print(i)
```

正好，这里就有一个小小的 bug。如果你现在运行这段代码，在有更复杂的事情分散你的注意力之前，你会很快看到：Python 的 `range` 函数从它的下限开始迭代到上限减 1 为止，所以 `fizz_buzz(100)` 只能打印 1 到 99 之间的数字。我们需要用 `range(1, n+1)` 来代替。如果你只在最后才检查代码，这种问题很容易被忽略。

当然，什么时候需要再次检查，这取决于你编写了多少代码。犯错是不可避免的：我的建议是将你的编码步骤保持在足够小的范围内，这样你就不太可能在上次检查后又犯下两个错误。找出一个错误比找出几个可能产生相互影响的错误要容易得多。现在就尝试用你的语言完成这个 Fizz Buzz 练习。

骨架与规格

为什么从外到内的编写更有益？因为通常外部对于你要做的事情的**规范**至关重要。例如，在编写一个函数时，最重要的事情是了解输入的信息是什么（参数及其类型）以及必须**输出**什么信息——返回值，以及它的类型，再加上你的函数必须产生的任何其他效果。把它们之间的关系搞清楚，你就成功了。外部世界（你的**客户**）不会关心你是如何实现函数的，他们关心的是，当他们给出合适的参数时，会得到一个合适的结果。这就是**抽象**概念，它是编程的一个关键部分。我们将在第 10 章再次讨论这个观点。

当程序接近完成时，每当你有了另外的小灵感，就保存一个版本。理想的做法是，把你的代码输入一个版本控制系统（见第 6 章），但还有另一种方法，那就是保存你的程序文件的副本，用提示性的名字来提醒你每个版本是什么内容。这样你就可以大胆地去尝试，即使出了问题，你也不会损失太多——你可以返回到最近的工作状态。

3.5　感到困惑时怎么办

有时，你会发现自己可以很容易地写出代码的骨架，但是当要继续往后工作的时候，就会感到很茫然。也许这些指令让人困惑，也许你理解要解决的问题，但却不知道从何处下手。

如果身处我的舒适区之外，我很喜欢做的一件事是记录下我的编程进展。我通常会在我写程序的同一个目录下，创建一个名为 `notes.txt` 的文件，一边工作一边在这个文件中做笔记。我写什么内容，取决于这个任务的棘手之处。如果面对一个大规模的问题，我明白必须做什么，但我不确定如何编写一个最好的程序来完成它，我可能会先写设计说明，规划出代码的结构或我将使用的算法（计算方法）。然而，一般而言——特别是对于初学者来说——我的经验是：迭代地开发程序，边写代码边测试，随着对问题和解决方案理解的加深，改进程序的结构，通常更加有效。在我的 `notes.txt` 中，更多的是描述我当前的理解状态。比如，我可能会这样写：

笔记

函数 foo[㊀]应该对字符串执行某些操作……总体来说我不太明白这个说明……但至少如果它得到一个只有一个字母的字符串，如果字母是元音，它应该返回 True，否则返回 False。

即使我弄错了（误解了这个问题）敲代码的过程也会促使我思考我做了什么和没理解什么，并记录下进展，以及我当时做出的假设，这些都可能在以后派上用场。

当你感到困惑难解时，明确并验证你的假设，通常会大有帮助。比如，如果你觉得程序接受简单的输入时可以正常工作，但遇到更复杂的输入时会有一些问题，那就问问自己“简单输入”到底是什么意思。并把它写下来：

笔记

假设：程序总是能在只有一个字符的字符串上正确运行。

㊀　为什么是 foo？见本章末尾的盒子内容。

然后用一些特定的单字符字符串来检验假设。包括一些你认为可能比较棘手的字符，比如空格或标点符号。有可能你的程序在单字符字符串上的表现总是正确的，在这种情况下，你可以放心地去解决更复杂的问题；也有可能它不是正确的。如果不正确，你现在就能着手解决这个问题，让你的程序在单字符字符串上正确运行，这比让它在所有字符串上正确运行要容易得多。无论是哪一种方式，你都成功了。

小提示

优先解决最简单的问题。

一旦你解决了一部分问题，哪怕是很小的一部分，就可以问自己："我的程序是否足够完美了？"如果还不够，你是怎么知道的？具体是什么还不够？回答了这个问题，你就有了下一个需要解决的小问题，以此类推。

当你发现程序不能运行时，一定要记下当时的情况，你的程序应该做什么，以及它实际做了什么。正如第 7 章中所讨论的，编写自动化测试确实是一个非常好的跟踪方法，但是即使你还没有这样做，做笔记（同时记录那些工作的和还不工作的）也会很有帮助。特别是当你非常疲惫的时候，很容易让自己陷入这种状态：你认为某件事情曾经有效，但并不确定。或者你可能会陷入另一种状态：正在编写的程序根本不是你想要的。

理想情况下，按照这个过程循环几次后，就能让你不再迷茫，直到你解决了问题。如果没有，至少还可以按以下两种情况来应对：

1. 如果你对于程序应该做什么还有一些具体的不太明白的地方，那就把它简化成你不确定的最简单的情况。如果可以的话，分析一下不明白的地方是什么。你不能确定某项输入是否被允许？或者，有两种表现在特定情况下可能是可以预期的，但不确定哪一种是正确的？抑或，到底什么才是正确的？然后，你可以带着具体的问题重新阅读问题陈述。如果这样还是不清楚，你可能就该去请教别人了。

2. 你的程序存在一些特定的问题：它会给出一个错误信息，或者它在某些输入上的表现与所期望的不一样。也就是说，它包含了一个 bug。这是第 9 章的主题。

无论用哪种方式，分析问题都是解决问题的一大步。尽量避免简单地去寻求完整的解决方案：相反，应当寻求一些明确的帮助，让你可以完成自己的解决方案，从长远来看，这样做会更有帮助，也会更有成就感。

foo、bar、baz、mung、froboz

在讨论过程中，当函数和变量等的实际名称并不重要或尚未确定时，通常可以用这些名称来代替。比如，在讨论函数调用如何工作时，你可以说："假设一个函数 foo 调用一个函数 bar……"这里所说的适用于任何函数调用任何其他函数的情况，但你需要为它们指定一些名称，以便以后可以用这些名称来指代这些函数。这种名称有时被称为**伪变量**。根据长期以来的习惯，foo 和 bar 是程序员最早使用的两个名称，它们可能是俚语 FUBAR 的缩写，代表"情况糟糕得无法收拾"。在这之后，关于使用什么名称还有其他几种不同的传统（如 froboz 经常被拼成 frobozz）。

识别和使用常见的伪变量名称，可能会给他人造成一种你经验非常丰富的印象！然而，在程序中使用它们作为实际的名字通常是个坏主意——在第 8 章中，我们将讨论为什么选择有意义的名称很重要。

第 4 章

如何理解编程语言

在第 14 章中，我们将探讨如何为特定任务选择合适的编程语言。但在本章中，我们将假定你别无选择——你必须学习别人为你选择的语言。不过，你需要了解所有编程语言的整体格局，以及你所学的语言在其中的位置。

你可能会表示反对，这并不是本章标题所指的内容：理解语言不就是学习、掌握并用它写程序吗？不，并不仅仅是这样。了解一些语言的设计决策也很有用：它如何以及为什么与其他语言有所区别。如果别人选择让你学习这门语言，他们为什么会这样选择？为什么学习这门语言对你来说会特别有价值？

尽管如此，人的学习方式是千差万别的，有些人可能想要暂时跳过这一章。请随意——但以后一定要再回来看一看。

如果你还在往下阅读，你可能会问的问题（问你的老师，或者在搜索引擎上搜索）包括：

- 这种语言是出于什么目的而开发的？在什么时候由谁开发的？
- 现在谁在使用它，为了什么？
- 使用这种语言的人拥有什么样的社区？他们在网上哪些地方活动？
- 你的语言是编译型的还是解释型的？
- 它实行什么样的类型系统？
- 用这种语言编写的程序有怎样的层次结构？
- 人们遵守什么约定或惯例？你会惊讶于这些约定的重要性，比如单词如何大写，它能帮助语言专家快速理解你的程序，还可以让你看起来像是一个熟知这门语言的人！还有很多其他的约定，从程序的各个部分有多长专家才会决定对它们进行切分，到使用哪些库。

让我们来对其中的一些问题进行讨论。我们将从比较具体的问题开始，稍后再讨论那些更偏向社会学的问题。

4.1 编译与解释

有这样一个问题，对于那些已经知道答案的人来说可能会显得很愚蠢（正因如此，他们可能会忘记告诉你答案），那就是一旦我写好了我的程序，如何让它运行？

主要有两个答案：

1. 直接运行。
2. 先编译，再运行。

这是一种简化，也是一种有用的简化，因为编译活动的存在与否往往会对一种语言的编程体验产生很大的影响。让我们先给出简化的解释，然后再论述它在哪些方面过于简化了。

“直接运行”适用于解释型语言，例如 Python、JavaScript（注意：它与 Java 无关，尽管名字很相似！）、PHP 和 Perl。这意味着存在一些称为解释器的程序，会读取并解释执行你的程序。如果程序中的某个地方出现了问题，就意味着程序的一部分不能被解释，解释器会在读到那个部分时给出一些错误信息，并停止执行。然而，程序的前面部分可能在那时已经被执行了。

“先编译，后运行”适用于编译型语言，比如Java、Haskell和所有C的变体（C++、C、Objective-C，等等）。这意味着还有其他一些被称为编译器的程序，它们读取你的程序并将其转换为更底层的形式。程序中某些类型的错误可以在编译过程中检测到，如果没有发现这样的错误，那么你将得到一个编译后的程序，它被保存为一个单独的文件，然后可以像上面那样运行。由于运行中所需的部分工作已经由编译器完成，因此编译后的程序通常比具有相同功能的解释型程序运行得更迅捷。而更重要的是，由于编译器对某些类型的错误进行了检查，你就可以确保这一点：如果程序能够正确地编译，那么这些错误将不会在运行中发生。编译器进行的错误检查的主要类型被称为类型检查：4.2节将对类型进行更多说明。

小故事

1978年，Robin Milner发表了关于他定义的编程语言ML的核心定理，ML语言对Haskell以及后来的许多编程语言都产生了影响。该定理可以总结为“类型良好的程序不会‘出错’”。也就是说，他**证明**了如果你的程序编译成功，那么程序运行时绝对不会出现某些类型的错误。当我第一次使用ML时，我的一些同事曾将它描述为“纯粹思想的语言”，并且认为如果程序编译通过，则不需要测试：它绝对能正确运行！遗憾的是，这只是一种夸张的说法：但是，拥有一个善于发现你所犯错误的编译器还是非常有用的，即使被告知错误是一件令人沮丧的事情。

要想知道究竟如何从一个包含你的语言程序的文件开始，到运行该程序并获得结果，你需要该语言的基本教程。如果现在还没有，那么就用第3章中提到的搜索方式来获取一个：

安装 + 你的编程语言

入门指南 + 你的编程语言

比如，在 Python 中，你可以将你的程序保存在一个名为 myprogram.py 的文件中，然后通过在命令行键入

```
python myprogram.py
```

来运行它。而在 Java 中，你可以在一个名为 MyProgram.java 的文件中定义一个名为 `MyProgram` 的类，然后首先通过命令

```
javac MyProgram.java
```

来编译它，再执行命令

```
java MyProgram
```

来运行它。

有时解释型语言和编译型语言之间的界限会变得很模糊：我承认自己过于简单化了。严格来说，一种语言是编译型还是解释型，是该语言实现层面的属性，而不是该语言本身的属性。即便像 Python 这样通常通过解释来运行的语言，也可以将程序编译成某种形式（`.pyc` 文件），该形式可以比原始程序运行得更快，并且在编译阶段就已经检查了某些类型的问题。并且，即使是像 Haskell 这样的编译型语言，有时也可以在交互式的情况下使用（例如 Haskell REPL），感觉非常类似于解释。此外，在某些语言（如 C 和 C++）中，明确存在称为链接的另一个阶段。它可以在运行程序之前将编译后的程序与运行程序所需的所有库连接起来。当然，所有程序都必须在某个阶段连接到它们所依赖的库，但这并不总是程序员必须刻意去做的事情。例如，在 Java 中，链接是由 Java 虚拟机在加载类时完成的，也就是说，这是运行 `java MyProgram` 命令时所发生的情况之一。

4.2 类型

如果你曾经在数学课或科学课上被提醒在问题回答中“显示单位”，那么你已经遇到了类型。或者可以说，如果你曾经见过幼儿使用形状分类器，那也就同样遇见过类型！程序中值的类型告诉你可以合法地使用它做什么。为了知道在特定上下文中使用某个值是否合理，你还需要了解关于该值的哪些信息呢？

> **术语：类型检查**
>
> **类型检查**是检查程序各部分的形态是否能正确组合的过程：例如，设计为仅接受整数的函数永远不会被赋予字符串作为其输入。如果这是在编译过程中完成的，则称为**静态类型检查**。如果是在运行时完成的，则称为**动态类型检查**。许多语言混合使用静态和动态类型检查。

比如，几乎每一种编程语言都有整数和字符串的类型。你会在学校的数学课上熟悉整数；而“字符串”是计算机科学术语，指的是一段文本，或字符序列。根据长期以来的传统，我们用于实验的第一个字符串是“Hello World !”。某种语言中的 Hello World 程序是指当你运行它时能够打印出“Hello，World !”的程序。而我们程序的功能会稍微多一些。

Python 示例

```
x = 5
y = 2
z = "Hello,␣World!"
print(x)
print(y)
print(z)
print(x/y)
print(x/z)
```

在这个程序中没有明确地给出类型，但是它们确实存在：如果你尝试运行它，将会在最后一行得到一个错误，类似于

```
TypeError: unsupported operand type(s) for /:
'int' and 'str'
```

不管你是否“使用”Python，只要思考一下程序在这一行做了什么，就很容易理解。变量 x 和 y 表示整数，变量 z 表示字符串。我们不需要明确指定这些类型：语言的类型推断会帮我们解决这个问题。x、y 和 z 中的任何一个均可被打印。用一个整数除以一个整数是有意义的（注意，尽管结果已经不是一个整数了）。然而，用一个字符串除以一个整数是没有意义的。解释器甚至不会去尝试；相反，它会告诉你，你弄错了。

不同的语言在处理值的类型信息上有所不同。如果我们用 Java 写同样的程序，它看起来像这样：

Java 示例

```
int x = 5;
int y = 2;
String z = "Hello,␣World!";
System.out.println(x);
System.out.println(y);
System.out.println(z);
System.out.println(x/y);
System.out.println(x/z);
```

（像往常一样，我们省略了用于显示这段代码是属于某一个类的方法的代码行）。这与 Python 的例子非常相似：编译时会在最后一行给出一个错误，因为你不能用字符串除以一个整数。在 Python 的例子中，在解释器遇到打印 x/z 的无意义指令之前，前面没有问题的打印语句已经被执行了，而在 Java 的例子中，由于编译不成功，所以在问题得到解决并重新编译程序之前，任何指令都无法执行。

除了 System.out.println 语句外，此版本与 Python 版本之间的最大区别在于，这里我们必须在程序文本中提供变量 x、y、z 的类型。（但是，仍然会存在一些类型推断：例如，我们不必明确提供 x/y 表达式具有什么类型。顺便说一句，如果你正在学习 Java，该表达式具有什么类型？删除最后一行并将此代码包装在某个类的方法中，进行编译和运行。它是否能够打印出你期望的内容？）

在 Haskell 中，写这类东西是相当不合习惯的[1]，但如果我们坚持这么写，就可以做到：

Haskell示例

```
f _ =
  do print x
     print y
     print z
     print (x/y)
     print (x/z)
  where x = 5
        y = 2
        z = "Hello,␣World!"
```

和 Java 一样，我们无法对其进行编译——更不用说调用函数 f 来运行代码了——除非我们去掉关于 x/z 的那行无意义的代码。就像在 Python 的例子中一样，我们不需要提供任何类型，它们都是推断出来的。然而，在这里类型推断是作为编译阶段的一部分来完成的，除非程序中所有的类型都是合理的，否则我们无法执行任何程序。

小提示

如果你正在学习 Python、Java 或 Haskell 以外的语言，那么现在就请尝试用你的语言来编写这个程序。

没有类型，我们就无法真正思考：即使使用明显非类型化的语言编写的程序也具有隐式类型信息。尽管你的语言没有强迫你写下有关期望类型的信息，但是在自己的脑海中澄清你的期望也是非常明智的。有时，将它们写下来会很有用，即使你并非必须这样做：它可以帮助你和程序的其他读者了解正在发生的情况。Haskell 示例不同寻常的地方之一是它没有为函数 f 指定类型。

[1] 也就是说，该代码没有遵守 Haskell 专家通常遵循的约定，例如代码需要包含顶级函数的类型。

上面所有的例子都使用了内置的字符串和整数类型。所有主要的语言都内置了这些类型。要编写真正的程序，你还必须能够定义自己的类型，而不同的语言在如何做到这一点上也是有差异的。

所有的例子都演示了多态性：可以使用同一个函数来打印不同类型的内容。打印是语言设计者觉得有义务提供多态性的最常见的场景。是否编写以及如何编写自己的多态函数（也就是可以在几种不同类型的参数上工作的函数）是编程语言间有所不同的另一个方面。事实上，由于存在不同类型种类的多态性，让这个话题特别有趣。如果你想进一步了解这一点，请试着搜索：

多态 + 你的编程语言

4.3　结构

在初学者的编程课程中，你可能对如何构建大型程序一无所知。一开始你可能就只会写一些短小的程序；你也许只需要写几行代码，然后别人会告诉你应该把它们放在什么地方。

但是，所有正式的程序都必须具有结构。它们必须被分成若干部分，这样团队成员就可以在程序的不同部分进行工作，而不会互相干扰。程序的结构使它能够对程序进行修改，而不必了解整个程序的所有内容。比如，这有助于快速而有把握地发现错误并修复。

我们在第 3 章提到了函数，它可以作为将输入转化为输出的黑盒。当你在编程语言中定义一个函数（或方法和过程）时，就是在结构化程序，以便将定义这个机器功能的代码行（函数的主体）组织在一起。虽然这部分代码可能不是完全独立的——它可能依赖于程序的其他部分，例如需要调用其他函数——但其目的是让读者只需阅读它的主体代码，就能明白这个函数将要做什么。这听起来很基本，但不能总是将其视为理所当然——如果你想了解程序结构的早期历史，可以搜索：

goto 有害论

一个与之密切相关的问题是名称的作用域。

术语：作用域

程序中的许多元素（例如变量、函数和类）都有名称。元素名称的**作用域**是指，在程序文本中，该名称可以用于引用该元素的位置。如果该名称可以在程序中的任何位置使用以引用对应元素，则称它具有全局作用域。

全局作用域听起来很方便，但它有一个重要的缺点：如果你需要了解这个命名的元素所扮演的角色（比如，为了弄清楚你设想的一个变化是否会破坏任何东西），你必须阅读整个程序。因此，编程语言允许命名的元素有更小的作用域。例如，一个变量可能是一个函数的局部变量，因此它只能在该函数的定义中被引用。这些细节很微妙，而且在不同的语言中也有所不同：如果你想了解更多，可以尝试搜索：

scope + 你的编程语言

你的语言可能会提供类、模块、包或其中的几种结构，这些更高级的结构很可能将被用来提供库，它会让你更轻松地编写程序。

术语：库

软件**库**旨在为其他程序提供功能。一种语言的标准库是与实现该语言的基本软件一起维护并与之一同发布的，因此使用该语言进行编程的人员可以一直使用它。

标准库提供了一些经常需要的东西，比如在字符串中进行模式查找的代码、可以高效排序的集合、用户界面组件等。如果你的语言有标准库，那么熟悉它是学习使用该语言进行良好编程的必要组成部分。

许多库以及实现主要编程语言的其他大部分软件都是开源的。

> **术语：开源**
>
> 当软件在一定的许可条件下允许任何人查看、修改并重新分发他们修改过的源代码时，它就是**开源**的。通常情况下，这会存在一些约束，比如被修改过的软件自身必须在同样的许可条件下进行发布。

对于初学者来说，使用开源软件的最直接好处是它通常是免费的[⊖]，并且，如果你愿意，可以通过查看源代码来进行学习。如果你希望参与一个开源项目并为之做出贡献，请参阅第 15 章。

4.4 历史、社区与动机

你的编程语言历史有多悠久？是谁设计的？它的用途是什么？如果你正在参加一门初学者的编程课程，请思考这个问题：你使用的语言主要用于教学，还是也被专业开发人员广泛使用？我们在本书中讨论得最多的那些语言都能够在这两种场合下使用，但你可能会遇到一些主要用于教育的语言，比如 Scratch，或者一些基于 Logo 的海龟绘图语言。你还有可能现在正在学习 Alice（一种面向儿童的编程语言）。类似的问题也适用于你使用的工具：例如，你可能正在使用针对 Java 的面向教育的 IDE BlueJ。类别之间的界限确实变得模糊了，成功的语言已经超越了自己最初的定位：例如 BASIC，一种在 20 世纪 60 年代初设计的语言，代表初学者的多用途符号指令代码，但其 Visual Basic 方言版本继续得到专家和初学者的广泛使用。

⊖ 就无须付费购买来说：你不妨去查查“免费软件”的不同含义。

一些专业开发人员很有可能使用你在学习的语言。如果想了解他们是怎样使用它的，请阅读该语言的维基百科页面，或者搜索：

谁在使用 + 你的编程语言

这将会为你提供一些信息（可能还有一些“语言战争”的例子）。在这个过程中，你可能会发现一些关于该语言社区的信息。也许该语言是一种脚本语言，通常用于自动化一些任务（否则它们必须由手动完成）。这样的语言是解释型语言：比如 Python，通常被认为是一种脚本语言，尽管现在它也被用于许多其他用途。或者，该语言可能会主要用于 Web 服务、AI、数据科学、嵌入式编程或统计。哪些网站对于该语言的问题和答案最有用？把它们加入收藏夹吧！

4.5 范式

我们将对编程语言进行比较讨论时会首先考虑的问题留到最后。传统意义上，编程语言是根据人们在使用这些语言进行编程时的主要思维方式，也就是编程范式来进行划分的。通常已确定的四种主要范式是：

- 命令式。程序命令计算机做一件事，然后再做另一件事。数据以可变状态的形式存储，即变量的值可以改变。例如：C 语言。
- 面向对象。程序以对象为单位组织。每个对象都包裹（封装）一些数据，并能响应某些请求（消息），从而履行一些职责。例如：Java。
- 函数式。程序员不仅将函数视为一段代码，而且将其本身视为具体的事物（如数据），可以在程序中进行。例如，一个函数可以作为参数传递给另一个函数，就像整数一样。（人们有时会说函数是“头等公民”。）函数式语言还避免了可变状态。例如：Haskell。
- 逻辑式。编写程序需要指定事实，以及关于事实如何从其他事实中产生的规则，然后提出问题。例如：Prolog。

然而，现实生活并不像这样可以“一刀切”，有些人认为从范式的角度来思考并没有什么用。当你用多种语言编程时，你会很自然地将你最喜欢的思维方式（受你过去编程经验的影响）引入你所使用的每种语言中。有些语言（实际上 Python 就是一个例子）混合了许多特性，这使得它们很难被分类。有时，一种始于某种范式的语言可能会随着时间的推移而发生变化，使它更容易以始于其他范式的风格进行编程。例如，Java 第 8 版引入了一些新特性，使得函数式风格编程更加实用。

这是否意味着你可以通过你最喜欢的编程方式使用任何语言编程？从某种程度来说，这是可行的，但这不太可能是最好的。比如你可以用函数式风格编写 C 程序，但是由于 C 语言不能很好地支持函数式编程，所以你的程序也可能不会很好。它很容易出错，而且对于任何读者（包括你）理解这个程序都会非常困难。尝试顺着你所选择的语言（不管它是不是你选择的）的特性来：学习该语言专家通常的编程方式。也就是说，学会你的语言惯用的编程方式。与此同时，留意你遇到的不同编程风格中好的特性，并准备在适当的时候使用它们。

小提示

为了帮助了解在你的语言中什么被认为是代码典范（好的、符合习惯的），需要找到一个有一定规模、信誉度高的代码库。看一看这个代码库，并记得在学习语言的过程中，隔一段时间就回来看看。如果你在这个阶段不能详细理解它，也不用担心。如果你对诸如“一个函数应该有多长？”“一个类型的名称应该如何大写？”等问题有疑问，就可以参考它。

例如，标准库是由专家编写的，其代码也会被其他许多专家评审，因此它们虽然不是特别适合初学者，却往往是很好的代码。

- Java：OpenJDK 版本的 Java 开发工具包的源代码位于 http://hg.openjdk.java.net/jdk/jdk/。单击左侧菜单中的“browse”条目即可访问。

- Haskell：如果你使用 Hoogle（https://hoogle.haskell.org/）来查找一个函数，可以通过在结果列表里函数名字右边的一个链接来访问它的源代码。
- Python：如果你使用 https://docs.python.org/3/library/ 提供的标准库文档，你会在大多数页面的顶部看到源代码链接。

你所使用的语言的专用书籍或文档应该会提供大量简单的示例代码。

第 5 章

如何使用最佳工具

在计算机面世之初，编程采取的是打孔卡的形式，必须将那些卡片放入计算机才能运行程序，而编程本身也是一项缓慢的工作。深知计算机巨大能力的程序员当然希望计算机能帮助他们将编程工作变得更加简单、快速、可靠。如今，已经有各种各样的（而且不断演进的）工具来支持软件开发。有些工具（如编译器）可以用来执行一个划分明确的任务；另一些工具，特别是集成开发环境，则将许多功能汇集在一起，并为它们呈现统一的界面。学会善用工具是学会编写好程序的重要部分。

不同编程课程在对工具使用的指导方面有很大的差异。你可能会被精确地告知要使用什么工具和如何使用，或者你可能会得到应该使用什么工具的建议，但需要自己去了解它的功能，或者你可能要完全靠自己摸索。当然，无论在多大程度上学习使用某个特定的工具，这都是课程的一部分，你必须去做。但是，对可用的工具有更广泛的认识也是非常有用的。当你在课程之外进行编程时，你可能会选择自己喜欢的工具。如果你计划从事软件开发的职业，你需要能够适应你所工作的组织中使用的任何工具集。拓宽经验是极为值得的，既可以让你在能够进行选择的时候做出明智的选择，又可以让你在必要时掌握适应环境的技能。

正如我们将在本书的其余部分看到的那样，适当的工具可以在开发软件的整个过程中为你提供帮助：从一个新项目的开始，到程序的编写、编译、运行、测试、调试和改进。在本章的其余章节，我们将讨论工具如何支持基本的程序编写。在此过程中，我们将探讨一些可以指导你选择工具的因素。

5.1　使用最基本的工具

到目前为止，我们一直假设你是在使用文本编辑器编写程序，然后使用操作系统的命令行对其进行编译和运行。这样做的好处是，可以很容易地理解哪个工具负责什么任务——相比之下，更复杂的工具有时会让人感到迷惑。最好是能够使用简单的纯文本编辑器（傻瓜式编辑器，没有任何支持编程的特殊功能）和命令行来编写、编译、测试和运行你的程序，即使这不是你日常所选择的工作方式。

强大的、可扩展的文本编辑器，如 Emacs 和 Atom，通常具有不同的扩展以支持各种语言的编程。例如，在 Emacs 中，你应该在编辑器的 python 模式下使用编辑器去编辑 Python 程序，只要你的 Python 文件使用标准扩展名 `.py`，你就会发现编辑器能够自动进入这种模式。你将注意到的最明显的一点是，程序的语法会被自动高亮，比如，它能够在例如语言中的关键字（如 `if`）和你选择的变量名之间给出视觉上的区别。请注意，尽管这些视觉效果看起来与你在文字处理器中产生的效果相似，但在这里是由编辑器自身来计算在哪里使用什么效果。程序文件中没有存储关于这些视觉效果的说明，它仍然只是纯文本，你可以在任何文本编辑器中打开。

编辑器模式可以非常简单，也可以非常强大，与专业的开发工具相比，编辑器模式对人们来说更容易编写，因此即使对于不太常见的编程语言，它们也通常可用。此外，有些人更喜欢能通过一个程序来运行自己的全部生活。比如，我使用

Emacs 来管理我的邮件、写论文、整理我的文件以及大部分的日常编程——但是对于 Java，我觉得从 Emacs 切换到专业 IDE 是很值得的。

5.2 什么是 IDE

在第 3 章中，我们介绍了“集成开发环境”这个术语，即“支持程序开发全过程的应用程序”。这个说法有点模糊，而且不同 IDE 的功能也存在差异。你可能会期望 IDE 至少能够支持程序的编写、编译（如果与你的语言相关）、运行、测试（第 7 章）和调试（第 9 章）。

通常 IDE 会为你提供一个图形化的前端，它的背后是可以从命令行使用的相同工具：例如，IDE 可能有一个用于测试程序的菜单项，它在幕后调用一个你也可以选择直接使用的测试工具。然而，将许多单独的工具集成到一个应用程序中有许多好处。

- 它们能够以一致的、易于使用的方式呈现在你面前；你可以从菜单中调用它们，而不必记住单个工具的名称。好的界面设计还可以让你很容易通过对界面的探索来发现功能。
- IDE 可以跟踪你的工作流程——例如，如果你试图运行一个你在上次保存后编辑过的程序，IDE 可能会询问你是否要先保存当前工作。
- IDE 可以为你提供工具的输出和你下一步可能要采取的行动之间的智能链接。例如，如果编译你的程序时发现第 13 行有一个错误，点击错误信息可以将 IDE 的编辑器定位在这一行。
- IDE 会有项目的概念：即组成完整程序的文件集合。一开始，你的程序可能只是单个文件，项目的概念看起来并没有用。但是到后面，一个项目可能会包括多个代码文件、测试、程序在运行时需要的一些资源（如程序用户界面中使用的图片）、程序需要哪些外部库的记录、指定文件之间依赖关系以及如何将它们组合成运行中的软件的构建文件等。IDE 帮助管理这些文件和它们之间依赖关系的能力就会非常有用。

你可以简单地将 IDE 用作文本编辑器，然后使用菜单项来编译和运行程序。

小提示

确保你知道保存程序的快捷键，这样你就不用每次都需要用到菜单了。

更概括地说，需要考虑如何以一种对你来说既高效又舒适的方式使用工具。编程，特别是每天长时间的编程，会导致重复性劳损（RSI）。一些简单的步骤，比如了解你最常做的事情的键盘快捷键，可以给予很大帮助。

除了基本的编辑功能外，以下是 IDE 可能为你提供的一些最有用的功能。

提供建设性的指正 你可能会发现集成开发环境指出你在程序中所犯的错误的方式要比编译器或解释器的方式更有帮助：首先，它至少会尝试给你一个可视化的指示，说明你的程序中的错误在哪里。

例如，如果你使用 Eclipse 编辑 Java 代码，并且犯了语法错误，你将在左边的空白处看到一个红色的十字，并且在你犯错误的代码下面有一条红色的斜线。（Eclipse 实际上是以增量方式编译你的代码，这就是为什么它能在你犯错后几乎立即向你显示错误的原因。）

我建议，只要你看到这样的错误指示符，就立即修复问题。在任何情况下，你都不应该使用 IDE 的设置来关闭错误指示器，我曾经教过的一个学生就是那样做的：即使你让红色标记消失，错误仍然存在！

该工具可能提供了快速修复：也就是说，如果将鼠标悬停在错误指示符上或单击该指示符，可能会出现一个更改菜单用于修复该错误，而且该工具能够在点击菜单项后自动应用这些更改功能。这些都是值得考虑的，尽管工具并不是那么智能，而且菜单中的建议可能并不是正确的做法。

保持代码整洁 IDE 提供了的一项功能，初学者往往会低估它的价值，那就是帮助你保持一致的代码布局。你会发现，可以选择一个代码区域，然后选择一个叫作“格式”（Format）的菜单项，就可以使代码行的位置保持一致等这样的功能。我们将在第 8 章讨论这个问题，以及为什么它很重要。简而言之，它使你的代码更容易阅读，并使你更有可能注意到你写的东西并不是你想要的。

省去打字工作 IDE 更多的好处是能够省去部分代码的打字工作，例如通过自动完成长的函数名，或是告诉你在给定上下文中接下来应该使用哪些语法。

术语：自动补全

IDE 通过**自动补全**（有时称为**代码完成**或**内容辅助**）功能来节省你的输入工作。例如，如果你键入了函数名中足够多的部分，可以用于唯一表示一个函数，那么 IDE 可能能够插入该函数名的剩余部分。或者，它可能会弹出一个菜单，让你在可能的函数之间进行选择。试着按 TAB 键或同时按 Ctrl 和空格键，看看是否有什么有用的事情发生。如果想了解更全面的信息，请搜索：

自动补全 + 你的 IDE 的名称

自动补全很方便，甚至可以引导你写出更好的代码：正如我们将在第 8 章中讨论的那样，你应该避免在你的程序中使用晦涩难懂的缩写作为名字，当自动补全帮助你使用更好的、更长的名字而并不会导致更多的输入时，这样做的诱惑就会大大降低。

这样做的缺点是，如果你习惯性地依靠自动补全从标准库中插入名称，或者程序文本的其他部分，你可能不会内化它们。那么你可能会发现，当你因为某些原因不得不使用傻瓜编辑器进行编程时，你会意外地卡在困境里。请注意这一点。

5.3 展望

一开始，你可能只满足于使用推荐给你的工具的最基本功能。然而，很常见的情况是，你会发现自己已经使用了多年的IDE还具备一些你未发现的功能，如果你早知道它们的存在，这些功能对你来说会非常有用。例如，IDE经常与各种构建系统、版本控制系统（第6章）以及GitHub等公共存储库集成。当你有时间的时候，看看这个工具是否有教程，也许可以通过帮助菜单来访问，它可能会告诉你关于此类情况的详细信息。

一旦你对编程有了相当的信心，尝试使用不同的IDE是值得的；你很可能会发现一个你更喜欢的IDE，而不是编程课程告诉你使用的那个，或者是因为它具备你很重视的额外功能，或者是因为你发现它的使用体验更佳。试着搜索：

最好的IDE + 你的编程语言

并浏览相关评论，然后决定哪些IDE值得一试。如今，在教学环境和专业开发人员中都使用的一些常见IDE是Eclipse、IntelliJ IDEA和NetBeans（可以在许多平台上使用）以及Visual Studio（适用于Microsoft和Apple操作系统）。还有许多其他的，有免费的和商业的，包括专门为学生而写的一些IDE（例如BlueJ for Java）。你的选择还取决于你使用的编程语言。到目前为止，Java是IDE所支持的最好的语言。

流行的IDE（如Eclipse）也支持插件生态系统：它们有一个扩展机制，让IDE内部开发人员以外的开发者可以在任何他们想要的方向上扩展IDE的功能——从添加自定义布局风格到集成建模和验证的工具。这通常不是一个初学者的工作，但如果你曾经希望你的IDE去做一些超出它当前功能的事情，记住，在一两年的时间里，当你正在寻找一个有趣的项目的时候，可以尝试对你的IDE进行扩展。

How to Write Good Programs : A Guide for Students

第 6 章

如何确保程序不会丢失

你是否有过这样的经历：在某件事情上工作了相当长的时间，但当程序崩溃或连接断开时，就完全丢失了它？或者仅仅因为你关闭了一个不该关闭的窗口而导致信息丢失？或者因为你认为你不需要某块内容，于是删除了它，但片刻后才发现其实你确实还需要它？无论我们所讨论的是一篇文章、你最新的社交媒体帖子还是一个程序，都会让人非常苦恼。幸运的是，在很大程度上这种情况是可以避免的。

要确保你的程序或者其中有价值的部分不会丢失，一方面是使用正确的工具，另一方面是养成可以避免自己犯错误的习惯。人们往往对于什么才是正确的方法有强硬的观点，但事实上，有很多方法都是可行的，每一种方法各有其优缺点。

毫无疑问，你用来编写程序的工具是最关键的。不管是编辑器还是 IDE（见第 5 章），确保你清楚地了解它能为你做什么。

6.1 立即恢复：撤销

可以帮助你从瞬间的错误中立即恢复的最重要功能就是撤销（undo）。现在你所权衡的大多数工具都具备“无限”撤销功能——也就是说，你不仅可以撤销上一次的编辑，还可以撤销更早之前的编辑，甚至可以恢复到文件加载到编辑器时的状态。它们通常有一个相应的重做（redo）功能，用于当你不小心撤销得太多时，可以使用这个功能恢复。这些功能非常有用，但也可能造成一些混乱，尤其是当你意识到自己把事情搞砸了而感到压力重重的时候。

小提示

在实际使用之前，请先试验一下编辑器的撤销和重做功能。

如果你发现使用的工具没有撤销 / 重做功能，或者只支持一个级别的恢复，也就是你只能撤销最后的编辑……那么可以的话，认真考虑换一个工具吧。如果你别无选择，就更要留意本章的其他内容。

6.2 基本灾难恢复：文件

计算机有主存储器，通常称为内存，还有辅助存储器，通常称为磁盘。当你在编辑器中打开一个程序文件时，磁盘上的相关数据会被复制到内存中。当你编写程序时，在屏幕上看到的是程序在内存中的状态。它可能与磁盘上的内容不同，因为当你在程序上工作时，你会改变内存中副本的状态，但不会改变磁盘上副本的状态。当你保存文件的时候，内存中的版本会取代磁盘上的版本，这样两者又会变成相同的。因为你是在逐步地完善程序，这样随时保存绝对是好的实践，记得我在前面建议过，要训练你的手指养成频繁地保存程序的习惯。

然而，如果你发现自己的程序版本遭到了灾难性破坏（例如，你不小心删除了很大一部分），那么你最不希望发生的事情就是让这个版本取代磁盘上的版本，所以此刻，千万不要保存！先仔细想一想。你能用撤销来恢复到一个好的状态吗？如果可以，就执行撤销。或者，你最近保存过了，所以你确定磁盘上的版本与你想要的相当接近？如果是这种情况，关闭你的文件且不做保存，然后从磁盘上重新打开它。

但是，如果你已经很久没有把文件保存到磁盘上了，那么使用磁盘上的版本可能无济于事：你也许已经做了很多工作，而这些工作在两个版本中都没记录。这时，了解一下这个大多数工具都具有、经常被忽视但偶尔很有用的功能会对你大有帮助：自动保存。也就是说，每隔几分钟或经过一定数量的按键操作后，它们就会保存一个版本的程序，不是保存在你得到的文件上（你可以明确控制保存的那个文件），而是保存在其他地方。在工具不如现在可靠的年代，引入这个功能是为了防止编辑器崩溃。到了如今，当你犯错时，它更有可能发挥作用。如果要查看你的工具到底能够做什么，可以搜索：

自动保存＋你的工具名

还可以浏览你的文件系统。你可能会发现，在你的程序文件所在的同一个地方，存在另一个文件，其名称就是程序文件名称的变体，它就是被自动保存的文件，或者也有可能，你的工具使用不同的目录或文件夹来存储它自动保存的文件。

如果你在文件中执行了某些错误操作，并且想要返回到较早的版本，但是由于某种原因你无法使用撤销操作，可以尝试以下操作：

1. 把你的手从键盘和鼠标上移开。什么都不做是不会让事情变得更糟的，但是任何你不假思索就做出的事情都可能会让情况变得更糟。特别是，保存当前错误版本的文件可能会破坏磁盘上有用的信息，所以千万不要这样做！

2. 思考：磁盘上当前的版本是否可能至少还有一点用处？或者，考虑到对你的工具的了解，是否存在一个有用的、该文件自动保存的版本？

3. 使用文件浏览器去找一找。如果你发现了一个你认为可能有用的文件，请用一个新的名称对其进行复制，以便你的工具不会自动覆盖它。

4. 一旦你确定自己已经得到了文件可能有用的每一个版本的副本，就可以回到你的工具，保存任何需要保存的内容，再去查看所有的文件版本，并适当地合并它们。

5. 你可以手工进行合并，只需复制和粘贴文件中有用的部分即可，或者你也可以使用由你的工具或其他东西提供的对比合并功能——我个人喜欢 Emacs 的 `ediff` 命令。

6.3 避免灾难：保存版本

解决编程问题时，通常会分成多个小的阶段进行，以逐步解决更多问题。有时，你在下一个阶段的尝试会失败，甚至可能破坏之前能够正常工作的功能。可以通过应用一种可靠的“棘轮”技术来避免这种“倒退”的挫败感，这意味着你可以随时回到迄今为止所达到的最佳状态。

最基本的方法是每次完成一个新阶段时，就保存一份程序文件的副本。给每个副本起个名字，便于提醒你已经取得了多大进展，然后返回到编辑实名文件的副本。

小故事

Jennifer 正在做一个练习，该练习分为很多部分，都涉及改进 `customer.hs` 文件。她开始编辑 `customer.hs`，直到把问题的 A 部分做得很满意。在开始 B 部分之前，她用新的名称 `customerPartADone.hs` 保存了一个副本。（她把它变成了一个只读文件，因为她之前犯过一个错误，就是不小心编辑了本应是安全副本的文件。）然后，她又回到 `customer.hs` 中去处理 B 部分。一旦完成，她就把新版本保存为 `customerPartsAandBDone.hs`，然后再回去编辑 `customer.hs`，以此类推。如果她在做 C 部分时感觉完全糊涂了，她知道自己可以随时舍弃在 C 部分上的失败工作，把 `customerPartsAandBDone.hs` 复制回 `customer.hs` 中，然后重新开始 C 部分。碰巧的是，这次她再没有这样糊涂了，但是已保存版本的存在会让她感到更加安心。

你对所保存版本的正确性越有信心，它们对你就越有用。至少，你应该检查编辑器和编译器有没有在其中发现任何错误（也许，除了那些仅仅表明你还没有解决整个问题的错误之外——如果有，请参阅第3章，了解如何通过先编写外部代码来尽快进行编译，以最小化这些错误）。

在保存每个版本之前对它进行测试也是很好的办法——更多相关内容，请参见第7章。

6.4 流程自动化：使用版本控制系统

一旦养成了像这样保存文件版本的习惯，你很快就会意识到，如果能有一些工具来支持这个过程，会非常有帮助。这就是*版本控制系统*所能做的，即使是一个简单的、单用户的版本控制系统也可以帮助你：

- 随时查看新版本。
- 将注释与新版本相关联，例如记录该版本所实现的功能。
- 检索所有已签入版本的历史记录及其注释（特别是当你回溯到前段时间所工作的程序时非常有用）。
- 恢复所需的任意历史版本。

现在你遇到的大多数系统都具备了比这些更多的功能。比如，它们会跟踪一个由相互关联的文件组成的集合，并让你一起检查它们——当你在具有大量文件的系统上工作时，这一点就变得至关重要。它们通常具备一些功能，能够让团队在大型系统上协同工作，而且不干扰彼此的修改。不过，这些功能的使用超出了本书讨论的范围。非常简单地总结一下，版本控制系统的发展已经经历了三代：

- 第一代：简单的单用户系统。如今你唯一可能遇到的是RCS，它安装在大多数UNIX系统上。它太古老了，如果你告诉人们你用的是它，他们可能会笑话你，但它能够满足你作为初学者的一切需求！

- 第二代：更复杂的系统，支持多个用户，所有用户都在使用存储在一个中央仓库中的相同文件。SVN 是 Subversion 的简称，是目前使用最多的第二代版本控制系统。它能够在你可能使用的所有操作系统上使用。你可以从命令行使用它，或者你可能更喜欢通过一个提供图形界面的客户端与它交互（比如 Windows 上的 TortoiseSVN，或者 Mac 上的 Versions）。命令行的使用在开始时可能会不太直观，但这会使你更容易在不同平台上切换。
- 第三代：分布式系统，允许每个用户都有自己的仓库，这样即使他们没有连接到网络，也可以继续工作。最著名的是 Git，在所有主流平台上都可以使用，同样有命令行界面和图形化客户端可供选择。如果你想使用存储在 GitHub 上的开源项目，熟悉 Git 会对你有所帮助，GitHub 是一个基于 Git 的托管服务——你甚至可以在那里存储你自己的代码（更多内容将在 6.6 节介绍）。

如果你使用的是 IDE（第 5 章），你会发现它集成了基于 SVN 或 Git 的版本控制功能：它可能要比独立的版本控制客户端更容易使用。

小提示

由于你只是想为课程练习提供一个版本控制系统，所以更适合选择简单的而不是功能齐全的系统。如果周围有人对你选择使用的系统很熟悉，事情就会简单得多，所以可以考虑四处了解下别人使用的是什么系统，然后选择他们所使用的系统。无论使用哪一种，在你信任它能处理你的重要文件之前，请仔细阅读教程，并使用一些模拟文件试用该工具。要找到你所使用工具的教程，请搜索：

版本控制系统的名称 + 教程

6.5 管理未使用的代码

经常会发生这样的情况：你写了一段代码，然后发现不再需要它了，比如因为你想到了更好的方法去解决问题。特别是当你是一个初学者时，也可能出现代码没有实现预期的功能，而你又不太明白原因的情况，于是你决定用不同的方式来实现这个功能。现在你该如何处理这些不再有用的代码呢？你可以直接删除它，或者将其注释掉。

> **术语：注释**
>
> **注释**代码是对编译器和解释器隐藏代码，同时代码还留在程序中供人们阅读。

编程语言通常会有一个字符或字符序列，用于告诉编译器或解释器“忽略这一行的其余部分”。（当然，该语法的主要目的是让你能够编写自然语言注释，我们将在第 8 章讨论这一点）。在 Java、C 和其他许多语言中，字符语法是 //，在 Python、Perl 和其他一些语言中是 #，在 Haskell 中是 --，等等。你可以在每一行的开头键入这些注释符，但是如果你想注释掉超过一两行的代码，这个操作就会变得很乏味。这时可以有两种选择：

1. 在 IDE 中，通常可以选择一段代码，然后使用菜单项或组合键在选中代码块的每一行开头插入注释符。通过删除注释符来对已注释的代码块取消注释，其工作原理与此类似。IDE 通常会使用不同的字体或颜色来显示被注释的行，这样就很容易将它们与未注释的代码行区分开来。这种方法很简单，只要你的工具能提供这种功能即可。它的另一个好处是，不会对一行代码是否被注释出来产生混淆，并且避免了任何关于嵌套注释和类似问题的麻烦。

2. 编程语言可能有第二种注释语法，专门用于多行注释。这意味着有一些特殊的字符组合来标记注释的开始，还有不同的特殊组合来标记注释的结束。在找到结束注释的字符序列之前，位于开始注释字符序列之后的所有内容都会被忽略。在Java、C等语言中，开始序列和结束序列是 /* 和 */，在Haskell中是 {- 和 -}。而Python没有真正的多行注释语法。这种方法的优点是，即使在一个傻瓜式的编辑器中，它也提供了一种简单的注释大块代码的方法。然而要注意的是，当你注释掉一个本身包含注释的代码块时，可能就会出现一些问题，并且无法直观地看出哪些行被注释了。

我一般倾向于使用这两种方法中的第一种来注释代码块。令人惊讶的是，这是一个可能会引发专家之间激烈争论的话题。回顾一下你的语言中对可靠代码的建议：你可以去看看那里是如何做的，然后进行效仿。

一旦知道如何注释掉代码，你是应该注释掉它，还是删除它？

注释掉代码的好处是，如果几分钟后你意识到自己其实还需要这些代码，就可以很容易地取消注释。如果你有类似的需求，那么注释可以成为一个不错的记忆唤醒员。

删除代码的好处是，它能让代码看起来简洁明了：你能更容易一眼就看到所有重要的工作代码，这会让你更容易厘清思路。

到底应该如何决定？建议你问问自己，有多确定自己不会再需要这个代码。如果你非常确定不再需要，那就删除它。如果你认为自己很可能会再需要它，那就暂时把它注释掉，但记得以后要重新考虑它：不要让注释掉的代码闲置数周或更长时间，它们会妨碍你的工作，让你分心。这就是版本控制系统让人放心的地方——如果你签入了一个包含该代码的版本（如果代码不工作的话，可能是被注释掉了），一旦需要的话，你可以随时取回它。

有一件事你绝对不应该做——让代码看起来像是在使用，但实际上并没有。

术语：无效或不可到达的代码

如果你的程序代码中的某一部分永远不会被执行，那么它就是**不可到达的**。例如，如果你写了一个函数作为程序的一部分，但是你的程序从来没有调用它（也没有让客户端程序调用它），那么这个函数就是不可到达的。你可能听说过**无效代码**被用作不可到达代码的同义词。有些资料用它来代替那些已被执行但对程序的预期行为没有贡献的代码。例如，如果你的程序调用了一个函数，但从未使用过该函数调用的结果，那么该函数可能会被认为是无效代码，但不是不可到达的。

代码应该边写边整理。比如说，你编写了一个函数，但没有从任何地方调用它，那么就删除该代码，至少将其注释掉，除非你确信它很快就会被使用。你可能会认为把代码留在那里不会有什么害处，毕竟，如果没有调用它，就不会触发其中的任何错误，所以这有什么关系吗？然而，未使用的代码会妨碍你的工作，并且会让你感到困惑。例如，当你定位一个错误时，你可能会浪费时间去看那段代码，尽管它不可能是导致错误的原因。即使你使用的 IDE 通过颜色变化等方式明确了一些代码是无法到达的，但它仍然会通过占用本可以更好利用的屏幕空间来妨碍你的工作。摆脱它吧！正如敏捷编程的人所说，YAGNI（你并不需要它）。

小提示

如果你不愿意删除一个现在对你没有用处的代码块，因为你认为以后会需要它——例如，它解决了一个你预期会再次遇到的问题，而你不得不查找一些棘手的东西才能正确地进行处理——那么无论如何都要保存它，只是不要将它保存在一个完全不需要它的程序里。我有时会创建一个名为 CuttingRoomFloor 的文件夹，用来保存可能有用的代码片段。

6.6 备份和云

保存文件的副本，或者使用版本控制系统，可以有效地防止由于意外删除而丢失程序。但是，如果文件的副本或版本控制系统的中央存储库都存储在你正在使用的同一台计算机上，然后这台计算机死机、丢失或者被盗，该怎么办呢？为了恢复工作，你需要以某种方式对其进行备份——在其他计算机上或某些外部介质上保存重要文件的副本。如果你使用的是由你的大学提供的计算机，很有可能但不确定的是，你的文件将自动备份，并且有计算机支持人员可以在灾难发生时为你恢复这些文件。如果你使用自己的设备，则需要自己安排，以减少丢失重要工作的风险。与版本控制一样，有一系列方法，从完全手动（例如，你养成了在每次完成工作会话时将文件复制到 U 盘上的习惯）到完全自动化。如果你想探寻不同的自动化备份的方式，可以搜索：

自动备份 + 你的操作系统

如今，很多人都依靠以某种方式将文件存储在云端，即通过互联网访问的其他计算机上。谷歌、微软、Dropbox 和其他公司都提供基本的免费服务：你可以将程序保存在一个目录中，这些目录会自动被复制到它们的服务器上，然后，通过登录你的服务账户，你可以在任何地方通过互联网访问它们。这在日常工作中是非常方便的，尤其是当你经常使用几台不同的计算机，并且希望能够在其中任何一台上处理你的代码时。这也可以在发生灾难时为你节省时间。

小提示

对于依靠记忆来执行的备份计划（比如复制你的文件或运行备份服务），如果你忘记了，计划就失败了。如果你选择了一个不是完全自动化的备份计划，请思考如何将必要的行动变成一种自觉的习惯，也许可以将新的行为与你已经常做的事情联系起来。

版本控制系统可以让你轻松地找回你签入的任何早期版本，云服务可以帮助你轻松地从任何计算机上找回当前版本。如果你想将这些优势结合起来呢？一个显而易见的办法是将你的版本控制库保存在云端——但是，特别是当有多人使用该库时，这样做可能是危险的，因为这些服务并不是为这种用途而设计的，它可能会导致库的损坏。一个更好的方法是使用 GitHub 或其他基于云的专用版本控制系统。它们存在的理由是让世界上任何地方的团队进行协作，但你也可以将它们用于单人项目，如课程作业。

但是，有一点需要注意：如果你决定使用 GitHub 这样的系统，它有可能让其他人可以访问你的文件，所以你必须仔细考虑哪些人有权访问哪些内容。比如，如果你正在参加一个考试，你一般不会允许其他人访问你的解决方案——这会助长作弊，而且往往会受到和抄袭同样严重的惩罚。考官通常会认为你有责任了解谁有权限访问你的文件，所以请确保对文件的访问权限做好合理的设置！

有些人喜欢建立一个可以公开访问的代码库，他们可以在应聘时或其他场合用到它。这算是个主意，但如果你学会了更好地写代码后，你的旧代码仍然在该代码库中存在，那效果就会适得其反——而且一旦你把一些东西放在互联网上，你无法保证它是否会永不消失！考虑一下更谨慎的替代方案，比如直接把你的代码样本发给你希望分享的人。

小提示

注意：不要让陌生人看到你的代码。

第 7 章

如何测试程序

你已经写了足够多的程序可供运行；但你如何知道它是否正确，从而能够在运行有误的情况下对其进行修复？好吧，你可以运行它，看看运行结果是否符合你的预期。对于一个非常简单的程序来说，这可能就是全部了。

Python 示例

```
print("Hello,␣World!")
```

我们运行该程序，观察到它打印出“Hello, World !”，然后得出结论：运行正确。但是，我们在这个过程中做了什么？我们会默认以下几点：

- 该程序不需要任何命令行参数或任何其他特定上下文即可运行。
- 它应该做的是将“ Hello，World !”打印到通常我们期望看到的程序输出的地方（所谓标准输出）。

术语：规约

一个程序的**规约**是对它应该做什么的描述。它可能非常详细，说明程序在任何情况下应该做些什么；也可能比较简略，仅给出程序员所需信息的一小部分。

当然，大多数程序都比这复杂。它们接受输入或在某种上下文中运行，而它们所做的事情可能取决于这种上下文。要了解程序在特定情况下到底应该做什么，可能并不容易。这就是测试的用武之地，当你写下一个测试时，你就创建了一条你所理解的程序预期行为的记录。这可以节省你的精力：重新阅读测试应该比再次经历这个理解过程更容易。如果你在开发程序的过程中反复对其运行相同的测试，你就可以确信自己正在改进它，并且如果你意外修改了程序，使其在先前正确运行的上下文中出现错误的行为，就可以立即修复它。(参见第 9 章——在引入一个 bug 后立即修复它比以后再修复要容易得多！)

术语：测试

对程序的**测试**是在特定的上下文中运行程序，该上下文包括任何必要的数据以及在该上下文中程序应执行操作的规约。

7.1 手动测试

只要你知道如何运行程序，包括如何设置它的上下文（例如，为其提供所需的任何参数）并且知道如何观察程序的行为，就可以进行系统测试。你不需要任何特殊的工具，一个文本文件或一张纸就可以了，只需要写下一个测试列表：描述测试的上下文，以及所预期的结果。例如，假设你写了一个比 Hello World 稍微复杂一点的程序，叫作 `greeter`，它应该接受一个参数，并打印出“Hello”，后面跟着该参数。你可以创建一个测试清单：

测试清单

1. `greeter Rahul` 输出 `Hello Rahul`。
2. `greeter sue` 输出 `Hello sue`。
3. `greeter Jane Smith` 输出 `Hello Jane`。

现在，系统地测试程序包括依次为列表中的每个测试给出适当的上下文，运行一次程序，并检查运行结果是否正确。

当你写测试的时候，你可能会发现自己在头脑中形成了对程序行为的简明描述。列表中的第三个测试表明，我们对程序的最初描述并不足够详细：假设那个测试是正确的，当我们给 `greeter` 程序提供参数 `Jane Smith` 时，它应该打印 `Hello Jane`，而不是 `Hello Jane Smith`。这是你需要特别留意的细节。明确了这一点之后，我们可能会有一个更精确的规约，比如“程序输出‘Hello’，后面跟着输入的第一个单词，与给定的完全一样”。如果以后你要修改程序，精确的规约可能会非常有用。一旦你费尽心思在头脑里把它想清楚了，可以考虑把它作为注释放到程序中。在这种情况下，注释的作用是告诉代码的读者，该程序被特意设计为只打印出参数的第一个单词。

小提示

无论你在何时创建了程序的规约，请务必使其保持与程序的行为变化同步更新。

即使程序能够在不重启的情况下接受多个输入，例如使用循环，也需要为每个测试重启程序。否则，可能会有一些状态是由某一个测试设置，而被另一个测试所使用。如果你想测试程序在一次运行中得到几个输入时的表现，那就是一个单独的测试了。

7.2 基本的自动化测试

如果每次测试都需要手动运行程序，并且每次都要用肉眼对比结果与期望值，很快就会感到单调乏味。是时候让计算机去完成一些烦琐的工作了。

有不同的方法可以做到这一点，在转而使用合适的测试框架（我们将在 7.3 节中讨论）之前，你不会打算在这个方面花费太多时间，否则，你就是自己在编写测试框架。不过，这也不失为一个很好的入门方式。

首先你需要的是一种自动运行想要测试的代码的方法。如果它只是一个函数，那就是最简单的情况。然后，测试要做的是调用函数，并在适当的情况下加上一些参数，比较函数返回的值和期望返回的值，如果两者不同，就报错。下面是在 Python 中实现这一点的经典方法。我们正在测试的函数叫作 `greeter`。下面没有显示它的源码，但它需要一个字符串参数。每个测试都只是一个函数。`test_greeter_one_word` 使用参数“Jane”调用 `greeter` 函数，并断言结果应该是“Hello Jane”。许多语言都有这样的内置断言语句（或函数），它非常有用。Python 带有一个额外的参数，该参数是测试失败时就会被打印出来的字符串。

Python 示例

```
def test_greeter_one_word():
    assert greeter("Jane") == "Hello␣Jane",\
        "Should␣be␣Hello␣Jane"

def test_greeter_two_words():
    assert greeter("Jane␣Smith") == "Hello␣Jane",\
        "Should␣be␣Hello␣Jane"

if __name__ == "__main__":
    test_greeter_one_word()
    test_greeter_two_words()
    print("Tests␣passed")
```

当你想测试作为类的方法的函数时，事情会变得稍微复杂一些。让我们看看 Java 中如何用 `main` 方法来进行测试。你用 Java 编写的最早的几个程序通常会将所有代码都放在一个 main 方法中，如下所示：

Java 示例

```
public class HelloWorld {
  public static void main(String[] args) {
    System.out.println("Hello,␣World!");
  }
}
```

然而，如果你已经进入下一个阶段并编写了具有某些实际行为的类（比如包含一些实例方法的类），就可以使用 main 方法创建该类的实例并尝试调用这些方法。例如：

Java 示例

```
public class SomeClass {
  // constructor and various methods...
  public static void main(String[] args) {
    SomeClass objectToTest = new SomeClass();
    int result1 = objectToTest.firstMethod();
    if (result1 != 42) {
      // print that something went wrong
    }
    // and so on
  }
}
```

如果你写了若干个类，你甚至可以为每一个类创建自己的测试 main 方法。

测试 main 方法对于测试程序中的方法很有用，但是它不能让你看到程序的整体行为——并且 main 方法的主要功能是启动整个程序，如果使用 main 方法进行测试，你就没有使用到它的主要功能。可以说，测试 main 方法更适用于单元测试而不是系统测试。

术语：单元测试

单元测试使用定义良好的接口来测试程序的一些特定单元（例如某个类）。它在测试时将那个单元与程序其余部分分隔开来，并检查它是否满足规约。

术语：系统测试

系统测试使用与用户最终将使用的相同接口来测试整个系统，用于检查整个系统是否符合规约。

要进行系统测试，我们需要从外部运行整个程序——像用户那样调用它，给它提供输入，然后看看输出和行为是否符合我们的期望。对于简单的程序，通常可以使用另一个程序启动它，捕获其输出并比较结果。具有良好字符串处理能力的脚本语言，如 Python 或 Perl，是测试程序的良好选择。如果只是为了好玩，这里有一个使用 Perl 的小程序测试用 Python 编写的小程序的示例。

Perl 示例

```
$argument = 'Jane';
$expected = 'Hello␣Jane';
chomp ($result = `python greeter.py $argument`);
($result eq $expected)
    or die "Got␣$result,␣expected␣$expected";
print "Test␣passed";
```

这里用反引号`...`中的表达式调用 Python 程序，并带有测试所使用的参数，就像我们在命令行上手动操作的一样，结果保存在变量 `$result` 中。（chomp 命令只是删除了程序输出末尾的换行符，从而使我们不必在每个期望值中都包含换行符。）然后，我们将实际结果与期望结果进行比较，如果两者不同我们就报错。我们在这里仅展示一个测试，当然，我们也可以使用一个函数对许多不同的参数和预期结果做同样的事情。我们可以使用这样的程序来测试其他用任何语言编写的任何程序：我们只需要像在命令行上那样在测试程序中调用它即可。Perl 恰好是一种合适的语言来编写这样的测试程序，但是我在这里使用 Perl 的主要原因是想强调测试程序不一定要使用与你正在测试的程序相同的语言。你也可以用自己喜欢的语言来做：试一试吧。

不过，需要提醒的是：一旦你开始开发自己的代码来测试程序，会很容易让它变得过于复杂。某种程度上来说，保持测试代码的整洁和可读，不如保持被测代码的整洁和可读重要……但实际上，测试代码也很重要，因为你会花至少和其他代码一样多的时间来使用和修改你的测试代码。一旦你明白了这一点，就值得投入时间来学习如何使用别人提供的可靠的、可重用的测试框架来进行适当的自动化测试。

7.3　正确的自动化测试

很早以前，事实上直到20世纪90年代末，程序员们通常自己开发代码来管理单元测试。在大型组织中，比如我在20世纪90年代初工作过的那个组织，经常会有一些测试框架（管理和运行测试的代码）在组织内部维护，并只为该组织服务。这至少意味着，每次我们开始一个新的项目时，我们不必再开发同样的代码来做这些事情。也许还有其他的测试框架，但都没有什么名气，那时候我还是一个年轻的软件开发者，没有碰到过。

然后是JUnit，第一个流行的单元测试框架。JUnit支持Java的单元测试；由于它的功能并不复杂，而且被证明是行之有效的，所以现在衍生了许多流行的编程语言（以及一些不受欢迎的语言）的版本。试着搜索：

单元测试 + 你的编程语言

如果有一个叫作somethingUnit的东西被描述为适用于你的语言，它可能类似于Java的JUnit（也可以查看JUnit Wikipedia页面）。JUnit让你很容易为Java程序编写单元测试，并且它提供一个运行测试的框架，会被整合到大多数IDE中。你通常会在IDE中得到一个简单的图形界面，如果所有测试都通过，则显示一个绿色条，如果有些测试不通过，则显示一个红色条，它还提供了一种方法可以获取失败的测

试和代码。其中的细节超出了本书的范围，不过有一些很好的 JUnit 教程[㊀]非常值得学习。不幸的是，虽然使用 JUnit 很简单，但要真正理解 JUnit 框架本身是如何工作的，需要比入门课程中更深入地了解 Java 知识，因此你不妨先在信任 JUnit 的基础上开展工作。

术语：框架

和库一样，框架提供的功能被设计成可以在许多其他程序中使用。不同之处在于，与使用库相比，使用框架对程序的结构具有更多的控制，你不是在需要时调用库函数，而是编写框架将要调用的函数（例如 JUnit 中的测试）。这就像那条好莱坞原则："别给我们打电话，我们会给你打电话"[㊁]。

7.4 你应该进行哪些测试

- 如果任务描述中包含一些用于解释需求的示例，那么你绝对应该将它们包含在你的测试集中。
- 为程序提供最简单的输入参数。假设程序接受一个整数，如果你给它 0，它应该返回什么？ 1 还是 –1 ？如果它接受一个字符串，它应该如何处理空字符串？单字符字符串呢？
- 是否存在具有明显风险的值，即是否觉得自己的某些输入可能会暴露问题？这些值通常是那些在任务描述或在解决方案中提到的特定的值或接近于这些值。例如，如果你的函数将 `x` 作为输入，并且有一个 `if` 语句，其中根据 `x` 小于或大于 100，应该会是不一样的情况，请确保使用 99、100 和 101 进行测试。

㊀ 我很喜欢的一个是 www.vogella.com/tutorials/JUnit/article.html，或者如果需要更浅显易懂的介绍，可以访问 www.tutorialspoint.com/junit/。

㊁ 打电话与调用的英文都是"call"。

- 考虑输入的不同类别：它们是否都有代表性？例如，如果奇数和偶数的差别对程序至关重要，你是否有分别针对奇数和偶数的测试？
- 考虑预期行为的不同类别：它们是否都在测试中展现了？例如，如果程序应该返回一个布尔值，你是否有应该返回 false 的测试，以及应该返回 true 的测试？（奇怪的是，这一点很容易被忘记：这是一种*正面偏见*）。
- 每当发现程序中存在错误时，请确保创建一个可以捕获该错误的测试，即有缺陷的程序无法通过此测试，但修复过的程序可以。这样能够确保你永远不会重新引入该错误。运行这样的测试称为*回归测试*：回归测试针对的是以前能正常工作而现在出现问题的功能。
- 测试异常场景：例如，如果用户做了一些错误的事情，比如输入了错误的类型，程序的行为是否符合预期？

矛盾的是，成功的测试就是要发现 bug——因为任何程序员都会在某些时候引入 bug，而测试的目的就是尽快检测到它们。当你编写测试的时候，你应该尝试让程序行为异常。这可能很难——你自然希望自己编写的程序运行正常，因此潜意识的诱惑就是给它编写简单的测试！我们可以假设你正在修一门课程，想象一位吝啬的老师试图给你扣分，但如果你先发现了 bug，就不会被扣分。通常，即使在不允许向另一个学生展示你的代码的环境下，也会允许向对方展示你的测试。你能不能和朋友们把你们的测试集中在一起，来一场友好的竞赛，看看谁能导致对方的程序出现问题？

劳伦的 bug

玛格丽特·汉密尔顿（Margaret Hamilton）曾参与阿波罗太空任务，并领导团队为首次登月开发软件，在她身上发生的一个故事，是对于测试“不可能发生的状况”的重要性的最早说明。她在一次采访（Corbyn，2019）中讲述了自己曾经带着小女儿劳伦和她一起工作，劳伦在随机按键的时候，错误地触发了程序，导致模拟任务崩溃。汉密尔顿担心宇航员可能会在现实里出现同样的误操作，认为应该修改软件来防止这种情况发生。麻省理工学院和美国航天局的资深人士认为，真正的宇航员绝对不会犯这样的错误——结果他们真的犯了同样的错误！直到那时软件才被修改过来。

7.5 应该在何时编写测试

有些专家读者会认为我应该更早地介绍测试。我选择现在才介绍的原因是，为了编写测试，你必须首先具备一定的编程能力——要有相应的基础作为起点。不过，既然你现在已经具备了编写测试的技能，就应该认真考虑采用测试驱动的开发方式，并在今后一以贯之地使用它。

术语：测试驱动开发

测试驱动开发（Test-Driven Development，TDD）如下所示：

1. 编写希望通过，但会失败的测试。
2. 编写刚好足够的代码以使所有测试通过。
3. 如果可能，改进代码，并检查测试是否仍可通过。

从一开始就进行上述操作（因此你首先编写的代码就是测试）并重复执行直到程序完成，即程序通过了应该通过的所有测试，且无法再进行改进。

通过在编写被测试的代码之前先编写测试，你可以确认自己是否真正地理解了代码应有的行为。通过每次只写一个测试，就可以保持很小的增量，这样即使你犯了一个错误，也很容易理解和修复。通过每次重新运行所有的测试，就可以确保你不会破坏之前能够正常工作的代码。

采用 TDD 的人通常对它非常狂热，你甚至会听到有人说，使用任何其他方法都是不负责任的。然而，许多专家和专业开发人员并不使用它。实际上我认为，它的效果更多取决于你在写什么代码，在什么环境下写的，而不是像布道者所宣传的。也许，它还未成为通用工具的部分原因是一些人喜欢主动地调试他们的代码，而使用 TDD 让他们不太可能在代码中引入具有挑战性的 bug，这样就无法享受删除这些 bug 的“乐趣”了！

7.6 基于属性的测试

一种起源于 Haskell 的方法被称为随机测试或基于属性的测试，这种方法已经得到了广泛的应用，特别是在其他函数式语言中。最初的基于属性的测试工具是用于 Haskell 的 QuickCheck。它的思想是：给你的函数或者整个程序赋予许多不同的随机输入，并且使用某种规范来自动检查输出，你将这些输入和输出之间需要满足的约定定义为属性。如果你的程序有一个 bug，这意味着某个属性在某些输入上可能会失败，那么当测试人员向你的程序抛出随机的 10 000 个输入时，至少有一个输入会暴露这个 bug。接下来是最巧妙的部分：测试工具会经过一个收敛过程，旨在找到导致 bug 的最短路径，这就是它向你展示的内容，你可以从这里入手开始进行调试。

你测试的属性可能是非常基本的（非常松散或空泛的），例如，它可能只是捕捉到程序不应该崩溃。或者它可能非常复杂，详细地列出了输入和输出之间的关系。在实践中，测试一个完备详细的属性是很少见的，因为编写一个属性的任务往往和编写程序的任务一样困难，而且密切相关。一般来说，某个属性只能捕捉到程序应该做什么的部分信息，所以即使这个属性为真，也不能保证程序是正确的：无论测试多少个输入，仍然可能存在这个属性无法暴露的 bug。但是，如果这个属性为假，那就说明有问题了。

在下面这个例子中，假设我们的函数 factor 能够接受一个正整数，然后返回一个质因数列表（具备可重复性，例如 factor 18 可能返回 [2,3,3]）。我们可以这样测试它：

Haskell 示例

```
import Test.QuickCheck
-- function factor omitted...
prop_factor :: Int -> Bool
prop_factor i = product (factor i) == i
```

函数 prop_factor 接受一个整数，如果基于这个整数，函数 factor 返回一个能够满足基本、合理属性（将列表中质因数相乘能够得到原始传入 factor 函数的整数）的列表，则返回 true。如果这个属性的某些测试失败，那么肯定是 factor 函数有问题。然而，prop_factor 并不能捕获 factor 函数可能存在的所有问题。例如，它不会检查返回的列表中的元素是否真的是质数。事实上，简单地返回只包含其输入整数的单元素列表的 factor 函数总会通过测试。尽管如此，这种简单的、局部的测试属性还是很容易编写的，对于捕获程序员通常会犯的错误非常有用。假设有人误解了需求，他们的 factor 函数不是返回一个具有可重复性的质因数列表，而是返回一个不同质因数的列表，因此给定 18，它就返回 [2,3]。当我写下那个错误的 factor 函数并使用 QuickCheck 检查属性 prop_factor 时，我看到：

```
*Main> quickCheck prop_factor
*** Failed! Falsifiable (after 7 tests):
4
*Main>
```

也就是说，QuickCheck 总共要运行 7 次测试，但它只向我展示了一个使测试失败的输入用例：4。factor 会错误地返回 [2]，而不是正确答案 [2,2]。鉴于这个非常简单的失败例子，很容易就能看出问题出在哪里。

关于测试的名言

- “成功的测试就是要发现 bug。”

——Anon

你必须真正抱有希望程序失败的心态——否则，你就只能写出让程序顺利通过的测试，而这是毫无意义的。

- “在测试中发现的每一个 bug 都是客户没有发现的。”

——Anon

对于那些在意他们的客户的人来说，这个想法可以帮助他们进入正确的心态。当然，这就意味着你需要继续修复 bug，并一直保持修复的状态……这也是进行系统测试的原因之一。当你还是学生的时候，你可能会发现，把给你的作业打分的人当成客户来对待是非常有用的。

- “程序测试可以用来显示错误的存在，但绝不能用来显示没有错误存在！”

——Edsger Dijkstra（Djikstra，1970）

这里包含的哲学观点是，如果程序有无限多可能的输入，而你只运行有限的测试，那么原则上，它仍然可能在一些你没有测试的输入上失败。为了确保程序在每个输入上都能正常工作，你必须分析程序的代码，并证明它确实能够在任意输入上正常工作。软件测试的研究中有一个很大的领域，关注的就是如何挑选足够多的正确的测试，以确保如果程序中存在某些种类的 bug，我们能够发现它们。首先，你会希望每一行代码，都能在执行某项测试的过程中运行——否则，被漏掉的一行可能就包含了一个 bug。

- “当心上述代码中有错误；我只是证明了它的正确性，但没有试用过。”

——Don Knuth（Knuth，1977）

这段对上面 Dijkstra 引文的诙谐解说提醒我们，验证与编程一样，也是一种人类活动。不幸的是，你的验证过程也可能会存在 bug，就像程序一样。尤其是，很容易将同样的错误假设同时纳入两者之中！

第 8 章

如何让程序清晰

在讨论什么是“好程序”的时候（第 2 章），我们主张它应该写得清晰。当你开始学习编程时，你自然会专注于使程序正确。你可能会发现自己很反感任何关于你的正确程序还可以进行进一步改进的建议：如果它已经做了它应该做的事情，那不就是最重要的吗？在本章中，我们将解释为什么尽可能清晰地写出你的代码对你而言非常有好处，并讨论如何才能做到这一点。

8.1 编写清晰的代码对你有何帮助

我们说过，程序是计算机的指令集合，当然，它确实是——但更为重要的是，程序能够为人类读者解释计算机具体被指示做了什么。这样的读者可能是你，在你最初编写代码的时候；也可能是某些尝试为你的程序打分或者为你提供帮助的人；还可能是某些（也许还是你，在以后）试图去优化并扩展程序的人。代码越好地传达计算机将要做的事情，就越容易完成这些任务。

小提示

始终让代码尽可能易于阅读。即使你必须花费一些时间来整理它，也会在整体上节省时间，因为这样更易于保持代码的正确性。

在编程之初，人们通常会低估这方面的重要性。有一种倾向认为，由于你是初学者，也没有用到所使用语言的高级特性，所以你编写的任何代码对于专家来说自然都是容易阅读的——或者在以后的某个时候对你来说也是如此。但是，在编写代码时，你可能会在思考问题和如何解决问题的过程中积累很多信息，而后来读代码的人并不会以同样的思路开始。此外，那种你已经理解了自己所编写代码的感觉也可能会误导你：努力编写尽可能清晰的代码，将会把你忽略某些错误的风险降到最低。

思考一个简单的Java练习：`Film`类中的`setAgeRating`方法。任何`Film`对象都有一个`ageRating`属性，它的值必须是12、15或18中的一个。这个`setAgeRating`方法接受一个整数参数。如果参数是12、15、18中的一个，那么这个参数将被保存为`Film`对象中`ageRating`属性的新值。否则，这个方法应该什么都不做。

下面是编写此方法时应该避免的一种实现方式的示例（来源于于真实的、学生编写的代码）：

Java示例（错误示范，请勿模仿）

```
public void setAgeRating(int l){
        if(l==12){
                this.ageRating= 12;}
else if(l == 15)
                {this.ageRating =15;}
else{this.ageRating = 18;}
}
```

这是一个更好的版本（虽然也不是很完美）：

Java 示例

```java
public void setAgeRating(int a) {
  if (a == 12 || a == 15 || a == 18) {
    this.ageRating = a;
  } // otherwise, do nothing at all.
}
```

在继续阅读之前，先比较一下两个版本。你能看出第一个版本存在哪些问题？

8.2 注释

我们将从注释开始，因为当你询问人们如何使代码更清晰时，人们首先想到的似乎就是注释。在上面的例子中，我的选择是添加一个注释“otherwise, do nothing at all.”（否则，什么都不做）。为什么？因为我觉得有点奇怪，如果函数的参数不是12、15或18中的一个，我们应该什么都不做——甚至不输出错误信息。我写这条评论是为了提醒自己和未来的读者，这种令人惊讶的行为是有意而为之的，而不是代码未完成或错误的标志。这是处理这种情况的非正式方式，在正式场合，你可能要编写一个完整的方法规范，甚至可能要引用一个已达成一致的需求文档。如果使用的是测试驱动开发，那么你显然会有一个测试，它提供的参数不是12、15或18，并且检查 ageRating 是否发生变化。

我要给大家一个建议，可能看起来会有点奇怪，甚至似乎和你曾经被告知的事情相矛盾，但这是源于多年的经验：

小提示

不要添加太多注释，尤其是在早期。

原因有两方面。最重要的一个是，人们通常编写注释来解释对他们来说不明白的代码行。如果代码不清楚是因为没有以最好的方式来编写，那么就应该重写代码，同时要留意本章讨论的其他问题，这样做要比添加注释好得多。编写代码的最佳方式是：清晰到不需要注释。

第二个原因是，有时人们在编写具备完整注释的代码的时候，对它的理解仍在快速变化。在某种程度上，这取决于你的个人选择：如果你发现这有助于你厘清思路，那么请继续。但是，如果你要编写针对其他人（将来的维护者或标记代码的人）的注释，那么在代码趋于稳定状态时编写注释通常会更有效率。过时的注释很可能会带来不利的影响。

小提示

如果代码和注释不一致，那么这两者可能都是错误的。

——Norm Schryer（Bentley，1988）

当你阅读别人的代码时，尤其是你自己写代码的时候，请记住这一点！

你在早期需要思考一个问题：关于你代码的读者，你应该做哪些假设？比如说，你应该假设他们是编程语言的专家吗？毋庸置疑，你需要思考谁是真正的代码的读者。如果你在学习编程课程的同时进行编程，你自己可能就是最重要的读者。

这意味着，对于那些在语言方面比你更专业的人来说，很多注释是不必要的；但对你而言，是可以写的。人们经常对那些解释如何使用编程语言特性的注释嗤之以鼻，理由是你应该能够假设读者是具备足够能力的。确实，这很容易走火入魔，最终就会产生这样的代码：

Java 示例（错误示范，请勿模仿）

```
i++; // add 1 to i
```

这确实有些过头了。然而，我发现，当我学习一门新的编程语言时，在第一次使用一个棘手的新语言特性或库函数时，添加一个注释往往是有帮助的。如果我不这样做，那么我经常会忘记它，并且为了理解自己的代码而不得不再次查阅相关文档。我倾向于把这样的注释看成是暂时的，只给我自己看的，而且一旦我确信自己已经内化了有关的知识，我会很乐意在以后删除这样的注释。

这使我们注意到，不同种类的注释服务于不同的目的。你可能会发现在脑海中区分它们是很有帮助的。我们刚刚讨论了旨在帮助新接触某种编程语言或软件上下文的人的注释。其他类型的注释还包括：

- 对代码块进行注释。例如，你可以在函数定义上面写一个注释来解释函数的作用，或者在某个计算逻辑旁边添加注释来解释为什么它是正确的。
- 更具体地说，是一段代码所需要保证遵守的契约。

术语：契约

一段代码的**契约**是关于代码应该具备什么样行为的精确表达。函数或方法可以被赋予**前置条件**和**后置条件**。前置条件指的是代码可以被允许在执行前假设为真的内容，因此，任何代码的调用者必须保证这一点。后置条件说的是代码在执行后将确保什么是真的（前提是它的前置条件被满足）。程序中包含一些数据的部分（比如一个类，或者一个循环）可以被赋予一个不变量，表示某些东西必须“永远”为真（严格地说：在某些重要的时刻，比如循环的开始，或者当某个类的对象的方法被调用时）。

例如，如果你正在编写一个接受整数参数 `i` 的函数，但你已经决定（也许是因为它是你正在做的练习的规约的一部分）该函数将只处理正整数，那么可以以注释的形式提醒读者注意这个假设：

前提条件：`i > 0`

- 设计说明。例如，如果你尝试以清晰易懂的方式来编写代码，但发现速度太慢，并且找到了一种更好的，但不那么清晰的方式，则可以添加注释来解释这一点。
- 自我提醒。例如，如果你有一个在未来如何改进这个程序的想法，但你现在不想进行改进，你可以添加一个注释来提醒自己。

8.3 名字

小提示

名字绝对是至关重要的。良好的命名将有助于你和其他人阅读代码，从而减少需要添加的注释数量。

让我们从最容易理解的部分开始：当你决定如何处理名字的首字母大写时以及处理由几个单词连在一起的名字时，请使用相关语言中的标准约定。有了一套固定的约定，你和其他任何需要编辑你的程序的人都会减少打错名字的可能性，例如，将 doSomething 写成 do_something。它使我们可以通过名字的发音来记住它：如果按照惯例，总是以同样的方式来做的话，你不必记住这些词是如何组合在一起的。因此，要注意这些约定是什么。例如，Java 的约定包括以下几种：

- 类以大写字母开头，如 Customer。
- 属性名用小写，如 name。
- 方法名采用所谓的驼峰式[1]，如 doSomething。
- 类和属性用名词或名词短语命名。类名[2]总是单数（Customer，而不是 Customers）：名字描述的是该类的一个对象，而不是该类所有对象的集合。
- 方法用动词或动词短语命名，如 doSomething、getName 和 setName。

我们可以在这个列表的最后讨论一些不那么琐碎的问题：如何选择一个名字，使它能以最佳方式将信息传达给读者？问自己一个合理的问题：有没有一个名字可

[1] 想象那些驼峰吧！在 Python 中，相应地，我们用蛇形的方式来命名方法，例如 do_something。

[2] 例外情况是当一个对象使用复数名词来描述更好时。例如，Preferences 类的单个对象可以描述一个用户的所有偏好。

以告诉读者更多他们需要知道的信息？另外，请不要重复类型信息：例如，避免使用 `theString` 这样的名字来命名字符串变量。如果你使用的是强类型语言，那么这样的名称是完全多余的；即使不是，你也可以做得更好。想想你命名的东西代表的是什么。如果你向别人解释代码，你会怎么说？你要说的话能成为代码中使用到的名字吗？

最好使用整个单词作为名称而不是缩写，除非你确信缩写非常标准以至于阅读程序的每个人都知道它的意思，并期望使用它作为名称。如果程序中有许多相关联的名称，这一点尤其重要。

比如，假设在你的程序中，“customer”作为许多元素名字的一部分出现，有时（但并不总是）会缩写为 `cust`。那么不可避免的是，程序员在处理代码时，有时会猜错这次是否也应该缩写。如果在有时也涉及“成本”（cost）的情况下，将“customer”缩写为 `cst`，那就更糟糕了！

为了经受住缩写的诱惑，要学会一些好的方法来避免经常输入过长的名字。IDE 或者具有自动完成功能的高级编辑器（见第 5 章）可以提供帮助。例如，在 Eclipse 中，Ctrl-Space 会（通常！）尝试完成你完成部分输入后的剩余部分。在 Emacs 中，Meta-/ 也会做同样的事情，但不太智能。

在避免令人困惑的缩写的同时，你需要避免你的代码行变得过长，就像这样：

Java 示例（错误示范，请勿模仿）

```java
verySpecialCustomer.lookupHomeOrHomeBusinessAddress(preferredCustomerId,monthOfTheYear);
```

如何处理这个矛盾呢？你可以通过拆分来解决代码行太长的物理性问题：详见本章末尾的内容。然而，这并不能解决真正的问题：这一行之所以太长，是因为名字太复杂。关键是要准确地选择合适的名字，并以这样的方式来组织程序，使所有的元素都有一个合适而又不至于太长的名字。这个思路使我们不再拘泥于局部的考虑，而是扩展到整体的软件设计。我们将在第 10 章中对这个问题进行更多的说明。

名字需要解读的位置距离其定义的位置越远，它的信息量就越重要。假设你写了一个函数，由于编程语言的规则，这个函数只能在你的代码中的某个特定部分被调用（一个例子是 Java 中的私有方法，或者 Haskell 中定义在 where 子句中的函数）。你已经知道，有人在考虑调用这个函数，正在看你的这部分代码，所以如果这个名字只对做此类事情的人有意义，那就足够了。另一方面，如果你的函数可以在程序中的任何地方使用，那么最好给它定义一个通俗易懂的名字。

特别地，对于只在一小段代码中使用的变量名，使用单字母是可以的。在本章开头的例子中，我就这样做了，我选择使用 `a` 作为 `setAgeRating` 方法的参数名。我本可以使用一个有意义的名字，比如 `newAgeRating`，有些人会认为这样更好，这一点是可以争议的。但有一点是无可争辩的，那就是像在“坏”的示例中那样使用字母 `l` 作为参数名，是很糟糕的，因为它太容易与数字 1 混淆；同样，也要避免使用 `O` 和 `o`。请采用你的语言中关于在什么上下文下使用哪些单字母的标准约定。通常情况下，`i`、`j`、`k`、`n` 用于整数，特别是循环变量和数组索引，`s` 通常是字符串。如果你正在使用列表的头和尾进行编码，尾部的名称通常是头部名称的复数形式，例如 `(x:xs)`。

小提示

在编写程序的过程中，意识到有一个比你的最初选择更好的名字是很正常的。请接受这种情况：这说明你对问题和解决问题的程序的理解在不断提高。

当你意识到名字不是很好的时候，就需要学会好的修改变量名称的方法。同样，一个 IDE 可以让你的生活变得更轻松。在 Eclipse 中，Refactor 菜单中包含了一个 Rename 选项，它的作用相当智能。而在编辑器中，查找和替换功能通常就足够方便了，特别是当你试图更改的名字不是太短的时候。

8.4 布局和留白

为你的程序使用标准、一致的布局。这是 IDE（参见第 5 章）真正有用的一个方面。在 Eclipse 中，使用 Source 菜单上的 Format 选项。如果你想或者需要，你可以通过改变许多设置来调整你的代码格式。

然而，让你的布局自动固定下来的一个好处是，它为你卸下决策布局细节参数的负担：它可以给你提供足够一致的布局，以满足最迂腐的同事，即使你自己倾向于更灵活。这里有一个经典的例子。在使用大括号包围代码块的语言中，有一个关于其位置的问题。有些程序员会这样写：

Java 示例

```
public String getName() {
  return name;
}
```

然而其他人更倾向于：

Java 示例

```
public String getName()
{
  return name;
}
```

计算机并不在乎这一点。也很少有读者真正在意。 但是，如果单个程序最终以这两种不一致的样式的混合形式出现，则它将变得很难阅读和正确编辑。当你是学生时，最好的建议是不要弄乱设置。

同样，你会发现关于代码行中空格的位置也有一些约定。比较一下各种可能的布局：

Java 示例（错误示范，请勿模仿）

```
int i = f(7);
int i=f(7);
int i = f( 7);
int i=f( 7 ) ;
```

再说一遍，问题的关键并不是说任何一种约定客观上比其他约定要好，尽管有时你会发现有人就这个问题展开争论。重点是，如果代码一致地使用一种约定，人们会发现它更易读（上面例子中的第一行是 Java 中的约定）。

这里是开篇示例的一个版本，在这个版本中，我把糟糕的名字 `l` 换成了 `a`，并修正了布局，其他的什么都没改。

Java 示例

```
public void setAgeRating(int a) {
  if (a == 12) {
    this.ageRating = 12;
  } else if (a == 15) {
    this.ageRating = 15;
  } else {
    this.ageRating = 18;
  }
}
```

你发现这段代码中的正确性问题了吗？

不同的语言有不同的约定，这些约定或多或少会被统一遵循。与许多语言不同，Python 有一个单一的、被广泛遵循的样式指南，即 PEP 8，由该语言的开发者编写。它写得很仔细，有很多例子，告诉了你一切你可能想知道的关于如何格式化和布局 Python 代码的内容。如果你的语言有这样的样式指南，请使用它。否则，就像我们在第 4 章中建议的那样，在你的语言中选择一个颇具声望的代码库作为参考。

小提示

请记住，你的导师写的代码有可能并没有树立一个好的榜样！如果他们教授几种语言，语言之间存在着有冲突的约定，他们的手指可能就会无所适从了。

制表符和空格

通常造成混乱的原因，也可能是布局问题的根本原因，就是关于如何以及何时在程序文本中使用制表符和空格字符作为空白的困惑。

通常，当你敲击键盘上的空格键时，你会得到一个空格字符，而当你敲击 tab 键时，你会得到一个制表符（通常是在键盘的最左边，看起来像这样：⇥。如果你对这两种方式不熟悉，可以在纯文本文件中试试。你可能会发现，用 tab 字符开始一行的视觉效果与用一定数量（通常是 2 或 4）的空格字符开始一行的视觉效果相似。（行中间的制表符会有更有趣的行为。）然而，放在文本文件中的内容是不同的。制表符是一个单一的字符，只是恰好显示为多个空格字符。

当你混合使用制表符和空格时，问题就开始了。假设你在一个“制表符宽度”为 4 的编辑器中工作——行首的一个制表符和四个空格字符的显示方式是一样的。现在，如果你写的一行以制表符开头，下一行以四个空格字符开头，它们将整齐地排列在一起。但是，如果你用宽度为 2 的制表符在编辑器中打开同一文件，这些行将不再以相同的位置开始。

为了有所帮助，IDE 和编辑器中的编程模式可能会拦截你的键盘动作，并做一些与你预期不同的事情。比如，在 Python 中空格很重要，空格比制表符更受欢迎（例如 PEP 8 告诉你要使用空格）。因此，当你按下 tab 键时，Emacs 中的 Python 模式将插入四个空格字符，而不是一个制表符。类似地，Haskell 对代码如何缩进很敏感，一个好的经验法则是确保 Haskell 文件包含空格字符，而不是制表符。相比之下，Java 程序完全不依赖于其中的空格，Java 程序员通常使用制表符。

如果你以两种不同的方式查看同一个文件时，出现了奇怪的布局行为，那么值得怀疑的是，文件中的制表符可能被渲染为不同数量的空格。如何测试和解决这个问题取决于你具体使用的工具。例如，Atom 有一个

Show Invisibles 的设置，可以帮助你区分制表符和空格。

有趣的是，2017 年的一项调查⊖发现，“使用空格进行缩进的编码者比使用制表符的编码者赚得更多，即使他们有同样的经验”。

通常，我建议你使用空格而不是制表符：鉴于现在的工具可以自动插入适当数量的空格，制表符字符比它们更麻烦。在你养成触摸 tab 键的习惯之前，请检查它插入文件中的是否是空格字符。如果不是，要么改变你的编辑器或 IDE 配置，使它确实插入空格，要么就不要使用它。如果你想找到如何设置编辑器或 IDE 的说明，可以搜索：

 你的编辑器或 IDE + tab 空格

8.5　结构和习惯用法

到目前为止，我们只讨论了代码清晰度的一些小的、局部的方面：通过更改单个行或名字来进行改进。当然，在更大的范围解决问题也会影响代码的易读性。这与设计有关，在这里我们将仅仅涉及皮毛。

编程语言由社区的人们使用，他们共同定义标准的做事方式。如果你按照社区的其他成员所做的一样，按照惯用的方式编写代码，你的代码将更容易让社区中的人们快速理解。你还会受益于在这门语言上积累的经验。

术语：习惯用法

给定编程语言中的**习惯用法**是社区中人们通常使用的解决常见小问题的方法。

比如，编写交换变量 a 和 b 的值的代码可以有很多方法，而在 Python 中，惯用的方法是：

⊖ https://stackoverflow.blog/2017/06/15/developers-use-spaces-makemoney-use-tabs/

Python 示例

```python
a, b = b, a
```

这个短小、简单的解决方案利用了 Python 语言的定义方式（特别是其定义的求值顺序）。

通过发现经验丰富的人编写的代码中反复出现的代码片段来体会你的语言中的惯式。定位正在解决的问题，并思考还可以如何解决这个问题，以及在你可能知道的任何其他语言中你会如何解决它——这样做会是一个很好的练习。你能阐明为什么常用的解决方案会成为首选方式吗？

那在更大的规模下，你如何组织代码呢？在编程课程的早期，可能会被告知每种情况下如何组织代码。一旦决定要编写哪些模块或类，将哪些功能放置在何处以及如何管理程序中的控制流和数据流，清晰度就成为主要问题。在我们的开篇示例中，“不好”的版本使用了一连串的读者必须遵循的 `if` 语句，而“更好”的版本只使用了一个条件更复杂的 `if` 语句。它基于这样一个事实，即如果参数是 12、15、18 中的一个，所需的行为在每种情况下都是一样的：将 `ageRating` 设置为该参数。即使没有注释，更简单的结构也使代码的整体行为更清晰，并有助于避免错误[⊖]。

想一想程序的读者，当他们试图理解你的程序的某些部分时，需要理解并尝试将相关的代码片段放在一起。请避免编写意大利面条式代码。

术语：意大利面条式代码

想象一下，将你的程序打印出来，并在输出上通过画线来代表控制流；例如，如果一个函数调用另一个函数，你就从调用到被调用函数的定义之间画一条线。如果由此产生的线条集合是复杂而纠缠的，你就“制造”出了意大利面条式代码。例如，如果两个模块或类各自以多种方式依赖对

⊖ 如果你尚未发现“不好的”版本中的 bug，那么现在该问问自己：如果将参数 7 赋给该方法会怎样？那可能会发生什么呢？

方，就很可能发生这种情况。

这个词的起源不清楚。我的父亲 W. G. R. Stevens 回忆说，当他在 20 世纪 60 年代当一名程序员的时候，他不得不向同事[㊀]解释说，他指的不是用番茄酱罐装的短意大利面，这是当时英国最常见的意大利面条形式，而是指袋装或在意大利餐馆里可以买到的长意大利面条。

这个关于整体结构的建议可能看起来并不令人满意，因为在没有相当经验的情况下，很难确定哪种结构最好：你将不可避免地从错误中吸取教训。事实证明，你目前的结构可能存在问题的一个常见的具体迹象就是代码行数过长。

一行代码应该有多长？

如果你发现自己为了看清一行代码的全部内容而调整窗口的大小，或者水平滚动，那么这行代码可能太长了，无法被有效理解。即使你成功地调整了你自己的环境，使你能看到整行代码，你也很可能会给将来需要阅读你的代码的人带来困难。项目，有时是整个社区，都会制定关于行的最大长度的约定：例如，Python 的 PEP 8 规定一行不能超过 79 个字符。

处理太长的行的一种方法是将它们分割开来。如果你准备这样做，请查阅你的语言中的样板代码，看看在哪里可以进行分割。不过通常情况下，太长的代码行往往是一个潜在问题的信号，最好先解决这个问题。问问你自己：

- 是名字太长了吗？如果是这样，不要一味地缩写：想想是否有更好、更短的名字。如果没有，也许应该将被命名的事物拆分开来？
- 你的逻辑结构是不是嵌套得太深了（例如，你是否在一个 `if` 里面还有一个 `if`），以至于行首有大量的空白？如果是这样，不要只是

㊀ C. B. B. Grindley，他后来在一篇论文中写到了这件事，可惜我已经无法查到。

> 减少你的缩进宽度：想想如何改进结构。也许有一大块嵌套的代码应该是一个独立的函数？
>
> - 是否有一个涉及多个操作符、函数或消息的复杂表达式？无论如何进行布局，这些通常都是很难理解的；考虑分阶段构建结果，并且小心地命名中间结果。

我们将在第 10 章讨论如何在需要时改进程序结构，第 15 章讨论超出本书范围的资源。

不过，本章中的许多建议从一开始就很容易理解并遵循。如果你养成了选择信息量大的名字、清晰地布局代码、善用注释的习惯，就能够节省时间并且减少压力。

第 9 章

如何调试程序

你的程序有一个 bug。

术语：bug

程序中的 bug 是指它出现的问题：bug 通常是一个小且特定的问题，你可以脑洞大开地将其描绘为一只小虫蜷缩在某行代码中，即使你并不清楚它在哪。用 bug 来指代小错误或小故障的历史要早于计算机，但计算机先驱格蕾丝·霍珀（Grace Hopper）曾讲述过一个著名的故事，她从早期机电计算机（哈佛马克 II）中找到过一只真的飞蛾，该飞蛾扰乱了程序的运行。

更正式的说法是，我们有时会讨论到故障、错误和失败，它们的含义存在些许不同。如果你感兴趣可以查查看。但是，我们暂时将它们称为“bug”。

首先，你如何知道程序中存在 bug？可能是在你开始运行程序之前，编译器、解释器或 IDE 就会告诉你程序有问题。也可能是你发现程序无法正常运行：测试失败、程序崩溃，或者没有获得预期的结果。

调试要经历四个步骤——还有额外的第五步，这一步对于把自己变成一个优秀的程序员至关重要：

1. 识别 bug：祝贺你做到了。也许并没有什么成就感，但是确实如此。比如，如果你没有费心地编译程序，或者不根据该输入运行程序，那么也许你将无法识别出 bug。

2. 定位 bug：找出程序中存在问题的位置。

3. 理解 bug：找出问题的具体成因。

4. 消除 bug：更改程序，让它正确，至少对这个 bug 而言（并且将保持正确，因为你会有适当的测试来防止回归）。

5. 额外的步骤：尽可能确保程序中没有其他类似的 bug，甚至更好的是，你在将来的任何程序中不再引入类似的 bug。

定位和理解 bug 通常会同时进行：你可能一开始就能意识到 bug 大概会在哪里，但是可能只有在理解了 bug 的成因之后，才可能准确地定位 bug。我们将在这里讨论一些常规技术：如果这样还不够，并且需要更多帮助，你可能还需要阅读一下第 11 章，特别是关于如何构建最小错误示范的内容。

小提示

当你试图定位并理解错误时，请尽可能利用所有可用的信息。很多时候，学生会发现有些东西不起作用（出现编译时或运行时的错误，或者测试失败）但是他们不会密切关注特定的错误信息，或者不去检查哪个测试失败以及如何失败。这些信息可能看起来令人生畏，但不要被吓到。如果你每次都尝试关注它们，你会很快学会如何解读。

调试情况分为两类，具体取决于你的程序是否可以运行。

9.1 当程序还无法运行时

如果编译器、解释器或 IDE 告诉你某处有问题导致程序无法运行，那么几乎可以肯定的是，它们会尝试为你提供错误信息和标记来帮助你了解 bug 的位置和成因。

但是，众所周知，此类错误信息可能令人困惑。要确保每个错误信息都清楚、正确地指出问题所在是很难的。设计出能为程序初学者提供帮助的错误信息甚至更加困难。因此很可能并不是你无法理解错误信息，而是工具开发人员有所懈怠。如果你看到错误信息，却不知道它想要说明什么，你可能不是第一个遇到这个问题的人。可以尝试从发现错误的地方直接复制错误信息并粘贴到搜索栏中进行搜索：

 你的编程语言 + 错误信息

例如：

 python TypeError: unsupported operand type(s)

以下是几个来自 Java 编译器的错误信息示例：

Java 错误信息示例

```
error: '(' expected
error: reached end of file while parsing
error: cannot find symbol
error: unexpected type
```

幸运的是，编译器在给出基本错误信息的同时，还会提供一些进一步的信息——通常会指出错误在文件中的何处出现，但一般还会提供其他信息，例如编译器找不到的符号具体是哪一个。

小提示

当错误信息给出行号时，请先查看该行——但记住，该错误可能出现在程序中更早的地方，但只在给出行号下才被检测到。例如，某一行缺少分号所导致的错误可能会报告在下一行。

术语：错误与警告

有时编译器会给你一条包含“错误”（error）一词的消息，就像上面给出的那样。有时，你可能会看到包含“警告”（warning）一词的消息。重要的区别在于：**错误**是你在继续操作之前必须解决的问题——通常，它完全阻止了文件的编译；**警告**表示编译器已检测到某种迹象，表明你**可能**做错了什么。比如，如果编译器发现你的程序包含无法访问的代码，则通常会发出警告。你可以忽略警告，甚至可以指示编译器不要发出警告——但通常最好不要这样做。有些编译器发出的警告能更有效地指出问题所在。如果你收到了以前从未有过的警告，那么绝对值得花几分钟时间去调查造成该警告的原因以及是否可以修复它。例如，对于无法访问的代码，你可以将其删除（或注释掉，如果你认为稍后可能还会用到它）。

通常，在错误信息中指定的行或附近行，会出现一个明显的问题，例如输错了单词或缺少括号。但是有时候，编译器不会提供任何行号，或者提供的行号会指向对你而言毫无问题的代码。现在，如果你一直在编码的过程中持续进行编译，或者让 IDE 来完成编译，你将受益匪浅。如果你清楚地记得上次编译成功后添加或更改的代码，你可以带着怀疑的态度查看这些部分。

如果依然找不到问题，请尝试注释掉代码——必要时用更简单的代码替换它，例如用常数 1 代替整数的复杂计算——直到代码能被成功编译或者得到不同的错误信息为止。

小提示

在执行此操作或者其他不确定是否有效的更改之前，请保存代码的副本，这样一来，如果一小时后你发现通过一个微小的修改便可以解决问题，那么你不需要花很多功夫来撤销你尝试过的所有其他更改。

这将有助于你了解在编译程序代码时所进行的活动，这些活动从你输入文本文件开始，到产生最后的可执行的程序结束。在目前阶段，你只需要了解大概。特别是，要了解错误是否发生在解析过程中，或者你的程序已经正确解析，但在后续的过程中出现了一些问题，这些都是非常有用的。

术语：解析

程序文本的**解析**是构建程序的结构化表示形式（**抽象语法树**）的过程。这涉及将文本分成多个部分，例如关键字、名称和运算符（**词法分析**）等，然后检查各部分是否按照符合语言定义要求的方式组合在一起。

如果你收到一条错误信息，提示你在解析程序时遇到了问题，你不需要检查更复杂的问题，例如是否要为函数提供正确类型的参数。你的错误会是更基本的东西，因为你的文本某种程度上未能匹配语言所定义的模式。(因为我们不打算详细探讨解析的作用，所以此处的描述有点模糊。)

由同一错误产生多个错误信息是很常见的：不要假设每个错误信息都对应着不同的错误！第一条错误信息几乎总是最有用的。

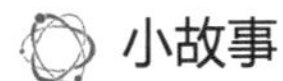

小故事

Dmitri 开始进行 Java 练习。按照第 3 章的建议，他在首次编译前只写了几行代码：只包含了类的外部包装和 main 函数，尚无任何功能。

Java 示例（错误示范，请勿模仿）

```
public class ExerciseOne {
  public static void main {String[] args) {
  }
}
```

他意外地发现，在编译阶段就已经出现了三条错误信息：

```
javac ExerciseOne.java
ExerciseOne.java:2: error: '(' expected
    public static void main {String[] args) {
                           ^
ExerciseOne.java:2: error: ';' expected
    public static void main {String[] args) {
                                           ^
ExerciseOne.java:4: error: reached end of file while parsing
}
 ^
3 errors
```

幸运的是，当他刚读到第一条错误信息时，就发现错误信息能很清楚地提示问题所在：编译器希望在文件的第 2 行中有一个左括号，甚至提供了一个脱字符号（^）可以显示出在第 2 行中的确切位置。他看到自己不小心输入了一个大括号。他只更改了这一个字符，保存了文件，然后再次尝试编译。这三个错误信息都消失了，他回到了正确的轨道，可以继续练习。

类型错误是一种常见的编译时错误——语言的类型系统越强大，可以排除的问题就越多，类型错误就越常见。在 Haskell 语言中，类型系统非常复杂，有些错误信息会难以理解，因为它们可能会涉及你尚未遇到过的类型系统的功能。我们在第 3 章中见过一个示例。记住，如果遇到问题，可以选择在线搜索错误信息。但是大多数时候，错误信息会以你可以理解的方式告诉你问题是什么。让我们来看几个例子。

假设你正在编写一个 Haskell 函数 `triangle`，该函数应该接收一个整数参数 `n`，并返回第 `n` 个三角形数，即前 `n` 个正整数的总和。利用 Haskell 中用 `[1..]` 表示自然数 1，2，3，4，…的无穷列表的功能，你可以首先编写：

Haskell示例（错误示范，请勿模仿）

```
triangle :: Integer -> Integer
triangle n = sum (take n [1..])
```

但是你会收到一个编译时错误：

```
take.hs:2:24: error:
    - Couldn't match expected type 'Int' with actual type 'Integer'
    - In the first argument of 'take', namely 'n'
      In the first argument of 'sum', namely '(take n [1 .. ])'
      In the expression: sum (take n [1 .. ])
  |
2 | triangle n = sum (take n [1..])
  |                        ^
```

它告诉你函数 take 接受一个 Int 类型的参数，而你却给了它一个 Integer 类型的参数。错误的根本原因很可能是你没有意识到 Haskell 有两种不同的整数类型，一种是机器整数，另一种用于高精度算术。但是一旦读了错误信息，就很容易明白。

无论哪种语言，导致类型错误的另一个常见原因是获取参数的顺序错误。假设你编写了如下代码：

Haskell示例（错误示范，请勿模仿！）

```
triangle :: Int -> Int
triangle n = sum (take [1..] n)
```

你错误地认为，take 函数想要它的整数参数在其列表参数之后，而不是之前。你将收到错误信息“Couldn't match expected type '[Int]' with actual type 'Int'”，然后像以前一样，获得有关问题出处的详尽信息。一旦你了解到 take 函数被赋予了一个整数，而它期望的是一个整数列表（在 Haskell 中用 [Int] 表示），就可以立即进行参数交换。

Haskell示例

```
triangle :: Int -> Int
triangle n = sum (take n [1..])
```

如果你再花一点时间思考参数为何按这样的顺序排列，就可能对将来有所帮助。在这种情况下，从语法上看将列表放在最后是很方便的，因为这使得在许多函数需要通过管道重复处理列表时，更容易使用 take。即使你无法找到解释，思考一下也能帮助你记住参数顺序！

是编译器错了吗？

不是。或者说，几乎可以肯定不是。在我长达 25 年的编程教学经验中，直到最近才遇到了一个案例，一名一年级的本科生在理解编译器的错误信息时遇到了问题，结果确实是（已知的）编译器错误。但是，我记不清有多少新学生曾经怀疑过是编译器出错，但都不是。除非是你自己编写的编译器（在这种情况下，无论如何你都不可能是我所说的“新学生”），否则就假定它是正确的。

9.2 当程序执行错误时

假设你的代码可以编译并运行，但是结果并不理想。也许它的运行结果是错的，导致某些界面混乱，或者打印出不符合预期的内容，甚至崩溃或似乎停止响应。那么接下来怎么办呢？

首先是寻找最简单的情况，即程序无法正确运行。最好编写一个失败的自动化测试，在这种最简单的情况下测试程序：但是，如果你还没有编写自动化测试，那么先记录下来，然后手动运行测试就可以了。使该测试通过是一个具体的目标。如第 7 章所述，将它纳入以后定期运行的测试集中，能确保你不会重新引入相同的错误，也就是说，它可以防止 bug 回归。

找到最简单的情况后，请先尝试修复该情况下的错误，然后再考虑其他情况。你需要了解在这种情况下程序做了什么，以及它与你所期望的行为有何不同。也许是控制流程出了问题，例如，你在 `if` 语句中使用了错误的表达式，所以有段代码会在不应该执行的情况下执行。或者代码设置了错误的值。无论问题是什么，你都需要详细查看程序做了什么（具体来说，在这种最简单的 bug 情况下）就是要准确找出问题出在何处以及为何会出现问题。

添加打印语句

这通常是最简单的方法。可能（至少如果你使用的是命令式语言）你在课程的早期就已经学会了如何将一个字符串打印到控制台（“标准输出”，缩写为“stdout”）。它可以用来帮助你理解正在发生的事情。比如，你写了一些自认为正确的代码，但它似乎并没有工作，那这段代码是否曾经运行过？或者有问题发生在更早时候，是否意味着计算机从来没有执行过那段代码？你可以通过在该段代码的开头加一条打印语句来了解，例如：

```
print("Got here!")
```

这样做还有助于发现一种令人惊讶的常见问题：正在编辑的程序版本并不是所运行的版本。

如果你开始怀疑某个数值不正确，就在关键处将它打印出来看看。

这种方法简单粗暴，但往往很有效。一旦你确信你观察到的行为是正确的，不要忘记把打印语句删掉，否则你的输出就会变得杂乱无章，令人困惑。

> **日志**
>
> 一种更优雅的替代方法是使用日志框架，比如 Java 中的 Log4j 或 Python 中的 logger。这样的框架存在一定的学习曲线，但是一旦学会了，它们给你提供了一种简单的方法来开启或关闭所有的调试消息。

交互式调试

有时，如果你可以从内部与程序进行交互，而不是像普通用户一样运行该程序，那就最容易理解遇到的错误。例如，如果有一个函数，在正常运行时，会被程序的其他部分调用，并且需要输入复杂的参数，你可能希望使用简单的参数，或一系列不同的参数手动调用它，以澄清它是否做了应该做的事。如果有交互式提示，你可以在提示符下加载程序，并且获得巨大的探索自由度。这是调试 Haskell 代码的最常用方法。在 Python 中（使用代码模块）也可以，尽管不是很方便。

一种更复杂的方法是使用调试器，它需要更多的前期投资，但从长远来看有可能节省你的时间。

调试器是一种特定的程序，顾名思义，它的目的是帮助你消除错误。大多数语言都有可用的调试器，但是由于它们一开始可能会被禁止使用，因此通常不会在初学者的编程课程中教授它们。调试器可能是一个独立的工具，或者如果你正在使用 IDE 的话，它可能已经内置于其中。

调试器需要具备的基本功能是：

- 设置断点——安排每次控制流到达特定行时，执行都会停止，因此你可以尝试后面的两种方法。
- 单步执行——让程序一次执行一行。这样就可以（例如）在 `if` 语句中检查它的处理方式。
- 检查变量的值。

对调试器的界面稍微探索一下就能知道如何使用它的功能。许多调试器具有许多更复杂的功能，但是你现在不需要它们。当你确实想要了解时，可以看看是否有针对你所使用的调试器的教程。

为了发挥调试器的最大功效，你不仅需要学习如何使用调试器，还需要学习如何有效地使用它。一种有效的手段是首先作出假设，然后对其进行验证。比如，如果你单步经过某行进行值计算的代码，请先问自己你期望的计算结果是什么，然后执行此步骤并检查它是否和期望相符。如果你只是在等待意外的发生，那么就很容易忽略问题的根本原因。当然，多次运行调试器也是可以的，通过首次运行来大概了解正在发生的事情，然后更仔细地了解重要的代码段落。

修改代码来帮助理解

如果你既找不到可用的调试器，也无法在程序运行到能提供信息的地方时打印出该信息，你该怎么办？你可以考虑把程序重写成更多可检查的片段，以便了解发生了什么。

在这里，我们并不是在谈论那种能够改善你的程序整体的重构。现在并不是进行这种工作的好时机：因为你暂时还无法完全理解程序的行为，彻底地改变它可能会让你更加困惑。在这个阶段，最好是进行最小的、谨慎的改动，并且接受你在理解了这个错误之后可能需要撤销它们的事实。比如，如果封装了一个（隐藏的）函数，你怀疑它可能是造成问题的原因，那么你可以复制该函数，并开放它，然后单独尝试。

假设你正在尝试调试这个函数，比方说，这个函数是密文解码练习的一部分。

Haskell 示例

```
possibilities :: String -> [(Int, String)]
possibilities str
  = [(i, rotate i str) | i <- [0..25], isPossible (rotate i str)]
    where isPossible str = str == "AND" && str == "THE"
```

这段代码调用了另一个函数 rotate，我们假设你并没有怀疑它。rotate 将字符串中的每个字符替换为字母表中给定位数的字符，例如 rotate 1 "CAT" 将返回 "DBU"，因为 D 在字母表中的 C 之后 1 位，等等。possibilities 函数应该是测试给定字符串上每一个可能的轮换值，从 0 到 25，只有当解码版本是“AND”或“THE”时，才保留轮换值和结果字符串。你可能马上就能看出问题所在，但假设，你暂时看不出问题。你看了 possibilities 函数定义的第一行，似乎没有问题……但还是有一个 bug；即使你用普通字符串 "AND" 作为参数运行 possibilities 函数，它也会返回一个空的 possibilities 列表。你终于怀疑问题出在 isPossible 函数上，但为时已晚，你盯着它却没有发现问题。如果你能单独测试 isPossible 就好了……但它被封装在 possibilities 函数内部。

那么就将它从函数内部提取出来，然后：

Haskell 示例

```
isPossible str = str == "AND" && str == "THE"

possibilities :: String -> [(Int, String)]
possibilities str
  = [(i, rotate i str) | i <- [0..25], isPossible (rotate i str)]
```

现在 isPossible 是一个顶层函数，就像 possibilities 函数本身一样，你可以用相同的方法测试它。你很快就会看到 isPossible"AND" 返回 false，希望从那里开始就能注意到应该是 || 的 &&。

一旦你理解并解决了这个问题，就把函数返回到它合适的位置吧！它被封装是有原因的：这样它就不能在 possibilities 函数之外被调用，因此不能在它之外造成任何错误。

你可能需要更改程序才能了解（而不是解决）bug 的另一种情况是，你的程序依赖于他人所编写的代码，而你想了解问题是否来自交互当中。接下来的故事就是一个关于这样的案例。

小故事

Kasia 正在做一个 Java 练习，她得到了一个对象的一些代码，这个对象可以在屏幕上移动一个小精灵，她必须为它添加一些方法。她得到的代码使用了一些其他的代码文件，这些代码文件也提供给了她，但并不需要修改。她已经成功地完成了几个部分，但对于目前这个，她在屏幕上看到的并不是她所期望的。她刚刚写的新代码（包裹在一个循环中，这里没有体现）是这样的：

Java 示例（错误示范，请勿模仿）

```
move(4);
if (froboz.getRandomNumber(100) < 10);
{
   turn(froboz.getRandomNumber(45) + 20);
}
```

而她根本不知道问题出在哪里。她是不是误解了 froboz 的工作方式，这是提供给她的对象，应该如何工作？她是不是选错了随机数的范围？她是不是在屏幕上的错误位置开始的？还是别的什么原因？

她决定首先要排除的是，她得到的随机数与她的预期有某种程度的不同。她决定调查第一个随机数是 5，第二个是 30 的情况。于是她把代码改成：

Java 示例（错误示范，请勿模仿）

```
move(4);
if (5 < 10);
{
   turn(30 + 20);
}
```

她发现小精灵的行为并没有什么变化，所以她尝试了第一个随机数很大的用例。她还认为她了解 < 和 + 的工作原理，所以她进一步简化了代码。

Java 示例（错误示范，请勿模仿）

```
move(4);
if (false);
{
   turn(50);
}
```

她认为这次根本不可能有转动——她想：毕竟 if(false) 不应该评估为真，因此转动应该不会发生。令她惊讶的是，她的小精灵的行为似乎仍然没有任何改变。接下来，她试着依次注释每一行，看看有什么效果。她可以通过注释掉相关的行来停止小精灵的移动或转动——但注释出 if 行似乎没有任何区别。她感到很困惑，于是将自己的代码与Java课本中的一个例子进行比较，发现（你可能早就注意到了），课本中的例子没有像她那样在if（条件）后面加分号。嗯，她以为在一行的末尾总是要有一个分号——她认为，如果有分号是一个错误，她的代码就肯定无法被编译，所以错误应该不在这里——这一定是那种可有可无的情况。为了彻底解决这个问题，她还是尝试着把原来代码中的分号去掉，结果奇迹般地，她成功了。

她在接下来的工作中表现出了成为一名优秀程序员的决心。她决定不只是继续练习，而是花几分钟时间来了解发生了什么。为什么去掉分号就能解决这个问题？她决定在一个独立的程序中研究if后的分号，这个程序并不复杂，也没有任何与小精灵有关的东西。代码如下：

Java示例（错误示范，请勿模仿）

```
public class IfFalse {
  public static void main(String[] args) {
    if (false);
    {
      System.out.println("yay,␣got␣here!");
    }
  }
}
```

在完成这个试验后，她又回到Java课本上，花了点时间在网上阅读关于代码块和空语句的知识，最后对Java中分号作用的理解比一开始深刻了很多。

请注意，我们并没有说明Kasia看到的东西和她预期的到底有什么不同。这是因为在这个虚构的案例中，她并没有分析那么多。不同的做法是完全不修改代码，而是非常仔细地观察所发生的事情，思考与代码之间的关系。也许通过这样做，Kasia就能意识到，代码中的turn命令总是被执行，而不只是随机地出现。然而，取决于系统其他的行为有多复杂，尤其是系统中的随机性有多大，这样做可能比Kasia的做法更难找到原因。

特殊情况：无法终止和崩溃

当你的程序停止响应

你启动了程序，期望它能运行片刻并给出一个结果，但它却持续运行而且没有终止。要么程序不会输出任何信息，要么就是无休止地输出。你需要手动终止程序，方法是在 IDE 中按下相应的按钮，或者直接使用操作系统，例如在 Linux 系统中按下 Control + C，或者杀死程序所在的命令窗口。

通常，这表明你的程序包含无限循环（或无限的递归调用）。仔细检查循环条件或导致递归的逻辑。问问自己：为什么我期望这个过程能完成？如果你没有立即发现问题（特别是如果存在多个循环，并且不确定是哪个循环导致了问题）那么在调试器中跟踪程序执行，或者插入打印语句，都可以帮助你发现问题所在。

有可能你遇到的并不是真的无法终止，而是运行效率非常低下的程序，它所做的工作比你预期的还要多——它最终会完成，但要持续到下周中段，或者更久。幸运的是，这样的问题在早期的编程练习解决方案中很少见：如果你已经成功地创建了一个，你可能清楚知道它是如何被创建出来的。用最小、最简单的输入参数来尝试程序通常是一个好的开始。

当程序发生崩溃

你启动了程序，期望它能运行一会儿并给出一个结果，但它却终止了并输出了一些错误信息。根据你的语言，这可能是一个未处理的异常、段错误、内存溢出错误、堆栈溢出，或者其他异常。（在下面的内容中，我们将把它们统称为“崩溃”。）结果都是一样的：没有结果，以及可能会有一条神秘的消息，来说明出现的问题。你可以遵循类似于处理编译时错误的过程，首先尝试从错误信息中获取尽可能多的信息，如果有必要的话，修改程序以进一步调查。然而，由于你的程序在崩溃前确实是在运行，你也可以使用调试器，或打印语句，来追踪问题。

术语：空指针异常

在Java语言（以及相关的语言，如C和C++）中，**空指针异常**（Null Pointer Exception，NPE）是程序崩溃最常见的原因。当你的代码试图去使用一个引用（我们可以等价地说，跟随一个指针）其值为空时，就会产生NPE。这意味着什么？引用（或指针）是一个名称，用来引用某个状态，例如一个对象。去引用（或跟随）就是使用这个名字来访问该状态，例如向对象发送消息。如果你的代码中的引用实际上当前根本没有指向任何状态——也就是说，当引用是空的时候，就会出现问题。因为无法做任何合理的事情——你不能向一个不存在的对象发送消息——而引发了异常，并且（除非你的代码也捕捉到了这个异常，并且做了一些事情来恢复）你的程序将会崩溃。

堆栈跟踪是一种特别有用的错误输出，你可能会在程序崩溃后看到——但初学者通常会被它吓到，因此未能充分利用。

术语：堆栈跟踪

堆栈跟踪是一个有序的列表，其中包含了程序已经进入但尚未退出的所有方法或函数。

首先要做的是检查你是否理解这个列表的顺序。最近进入的函数可能是在顶部（通常在Java中）或底部（通常在Python中）。这就是发生崩溃的地方。在堆栈跟踪的另一端是在程序运行之处被调用的任何函数（例如main）：然而，你可能看不到这个，因为堆栈跟踪可能很简略，只显示最后几个函数。假设发生崩溃的函数是调用`findCustomer`。这显示在堆栈跟踪的一端，行号就是发生崩溃的那一行。下一行是调用`findCustomer`的函数，行号显示的是调用`findCustomer`的地方，以此类推。

通常 bug 位于最近的函数中（我们例子中的 `findCustomer`），但并不总是如此。特别是，如果你看到最近的调用不是你写的代码，而是标准的库函数或基础结构函数，不要怀疑它们！这可能意味着你的代码错误地调用了某个库函数，比如，传入了无效的参数，然后造成了问题。找到堆栈跟踪中与你代码有关的最近的位置，然后从那里开始分析。

9.3　纸板调试法

这项有用的技术有很多名称，例如“小黄鸭调试法”。我称其为“纸板调试”，因为这是我初次了解它时知道的名字——也是因为小黄鸭的制造商还没有向我提供诱人的赞助费。

重要的观察结果是，当你不能理解为什么你的程序不能工作时，向别人详细解释为什么它应该工作，往往会有所帮助。比如，你可以向同行或课程导师解释。然而，第二个重要的观察结果是，当你这样做时，通常会是你自己，而不是其他人，突然发现问题所在。事实证明，对方是否在听你解释（甚至是否能听懂你的解释）并不太重要。令人惊讶的是，逻辑结论竟然是成立的，向一个导师的纸板画像解释你的程序（甚至是想象中的导师硬纸板画像）与对着现实生活中的导师解释你的程序，效果几乎是一样的。你会觉得这样做很可笑，但可以尝试一下。

9.4　如果这些都失败了

然而，有时候你会发现对问题的唯一明智的选择是“不要从这里开始”。如果尝试本地化和理解你的错误，使你意识到程序已经混乱到你无法理解，你可以考虑：

- 从头开始，并且一边编写程序一边进行测试（请参阅第 7 章）并保持程序清晰（第 8 章）。
- 重构（更多关于如何重构的内容，请参见第 10 章）。

术语：重构

重构程序就是在不改变程序功能的情况下对其进行更改。这样做可以使程序更易于理解或变更。

这并不是重构的理想时机——理想情况下，你会从一个你完全理解但想要改进的程序开始，比如，让其他人或是你自己在以后更容易理解——但有时它可能是一堆糟糕的选择中最好的一个。当我弄丢了某样东西，并在前几个地方找都找不到的时候，这表示我需要冷静下来并大致整理一下思绪。几乎一贯如此，这个方法对寻找其他丢失的东西一样有效，而且还改善了我的环境。有时，类似的策略在编程中也同样奏效。

小提示

如果你的代码和意大利面条一样毫无头绪，那么采取任何方式去恢复它都将充满挑战。不要绝望，每个初学程序员都会经历这样的情况，并能促使你养成良好的编程习惯以防止它再次发生！在这个阶段可以考虑去喝一杯咖啡，或者出去散散步，甚至睡一觉，休息好了再回来解决问题。

9.5 修复 bug

只要你充分了解 bug 的原因和位置，大多数 bug 都很容易被修复。

小提示

即使在本地调试 bug 的过程中，你对程序做出了一个改动，似乎修复了 bug，也要确保你完全理解，然后再继续。

做出这个提示的一个原因是，理解一个 bug 的过程，尤其理解自己代码中的 bug，通常是非常具有教育意义的。这个 bug 的存在说明你对语言的一些特点不太了解？把你的 bug 看作是一个学习的机会，并从中获得所有的价值。例如，在我们的 Haskell 示例中，对于在应该使用 Int 的地方使用 Integer 而产生的 bug，糟糕的做法是只看到错误信息中说了一些关于 Int 的内容，就把 Integer 改成 Int；明智的方法是查找 Integer 和 Int 之间的区别，一劳永逸地理解它。如果我们前面故事中的 Kasia 一观察到删掉分号就能解决问题，然后继续下面的练习，最后她可能产生分号有时会出问题的困惑。这种潜伏的困惑会消磨你的信心。

另一个原因是，你修复的 bug 与错误信息告诉你的 bug 不是同一个。如果你在不完全了解问题所在的情况下修改程序，可能会使错误信息消失，但并没有解决实际问题。然后，你的程序可能仍然存在 bug，并且是不同的、更隐蔽的 bug，当问题最终暴露时，将更加难以调试。例如，设想你用 Python 编写了如下代码：

Python 示例

```
def get_data(file_name):
    with open(file_name) as file:
        data = file.read()
        # etc: code to work with the data...
```

一切都进行得很顺利，直到你意外地使用一个不存在的文件名调用了该函数。此时，将引发一个异常（FileNotFoundError）。你可以对代码进行如下修改：

Python 示例（错误示范，请勿模仿）

```
def get_data(file_name):
    try:
        with open(file_name) as file:
            data = file.read()
            # etc: code to work with the data...
    except:
        pass
```

这样一来，如果文件不存在，该函数什么也不会做，甚至不会报错。症状，即引发的异常消失了。然而，这是一个非常糟糕的做法。下次用不存在的文件名调用该函数时，你可能完成了进一步的开发，而且你可能不会那么明显地感觉到之前发生的错误。也许程序中某些看上去毫不相干的代码会神秘地失败，并且根本原因可能很难确定。相反，你可以按照对当前情况来说合理的任意方式处理错误情况，也许是通过打印或日志记录错误信息，并在继续运行没有意义的情况下终止程序。

通常，你最终会意识到程序正在按照期望的方式运行，但是你的意图是错误的——你错误地理解了任务。第 8 章开头的例子就是这样：写“坏”版本的学生可能没有意识到，如果给定的参数不是 12、15 或 18，那么代码应该什么也不做。

有时，一旦你修正了对问题的理解，就会意识到程序无法完成所需的工作：你的错误理解影响了写代码的基本思路。在这种情况下，你可能需要付出更大的代价，比如从头开始。但是，请保留一份错误代码的副本，以便你可以复制粘贴一部分你确实需要的代码来节省时间！

9.6 修复 bug 后

为了尽量发挥调试工作的价值，在继续之前，先问问自己：

1. 这个程序中是否还有其他类似的 bug？如何将它们检查出来？

2. 我是如何引入这个 bug 的？将来如何避免？

让我们依次看看这些问题。

9.6.1 查找类似的 bug

有些 bug 确实是特定于某种设定的，但也有很多并非如此。例如，这里有一个经典的例子：

Java 示例（错误示范，请勿模仿）

```
// boolean found says whether we've found something yet
if (found = false) {
  // we haven't found it yet: keep searching...
}
```

停在这里，看看你能不能发现问题。(有可能在你的语言中，这段代码是正确的，但这个问题不仅在Java中存在，在Python、C和C++等语言中也存在，所以无论如何都值得研究)。看明白了吗?

问题是，在if语句中，程序员打算将found与false进行比较。然而，在Java（和许多其他语言）中，正确的语法是使用双等号==，而不是我们在这里看到的=[一]，编译器没有报错，因为使用=的版本确实也有其意义——只是与程序员的意图不符。它的作用是将found重新赋值为false。

小提示

永远、绝对不要将布尔变量与字面量true和false进行比较。不要写if(found==true)，直接写if(found)，它的意思相同，但是更简短、更清晰，而且能回避你在想写==的地方写=的风险。同样，不要用if(found==false)，而是写if(!found)（在你的语言中，使用任何可以用来否定布尔变量found的语法）。

这个技巧适用于每一种[二]编程语言——如果在某些上下文中使用布尔表达式（比如found==true）是能工作的，那么使用普通的布尔变量（比如found）也是能工作的。试试吧。

我们已经定位了两个不同的问题：

1. 在打算使用==（比较）的时候使用了=（赋值）。

2. 将布尔变量与字面量true或false进行比较。

第一种会给你错误的结果，而第二种则“仅仅”是糟糕的风格。这两种情况都很容易消除，所以如果你发现你的程序中有一处符合这样的情况，就搜索一下，看

[一] 但有一些语言（特别是BASIC及其相关的一些语言）对比较和赋值使用相同的语法，仅仅能通过上下文来区分它们。如果你先学过这样的语言，那么当你学习一种对这两种操作使用不同语法的语言时，就必须特别小心。

[二] 我通常很少做出如此大胆的断言！如果有例外，请告诉我。

看是否还有更多类似的问题需要处理。同样，每次发现程序中的一个 bug 时，花点时间想一想，是否可能还有其他类似的 bug，你应该发现并消灭它们。

9.6.2 避免重复出现相同的 bug

决心“更努力地”避免 bug 是很诱人的想法，但人类的大脑总会犯错。与你的代码和平相处，不要期望它完美无瑕，试着建立一些习惯来帮助你写出正确的代码。

奇怪的是，只要知道自己有时会引入某种 bug，就会帮助你避免这样做。至少在潜意识里，当你扫描一块代码以检查它是否符合你的意图时，或者当某些东西没有按照你的期望工作时，你会在心理上建一个清单，列出需要注意的事情。如果你以检查表的形式明确这个清单，你的检查可能会更可靠。例如，它可能包括：

- 所有出现在规约中的名称是否完全正确？
- 所有的循环边界是否正确？
- 数组大小是否正确？
- 所有的数组索引是否正确？
- 是否对所调用的代码所产生的错误或异常进行了检查或处理？
- 是否有任何空指针错误（对可能是空的元素进行间接引用）？
- 循环和递归是否总是如期停止？
- ……

小提示

可以考虑保留一个这样的检查清单，每次解决一个 bug 的时候，都要想想是不是有什么东西应该添加到清单上。

有时候，你是有可能通过良好的编码习惯来避免某些类型的 bug 的。让我们更详细地探讨一些常见的 bug 以及如何避免它们。

避免死循环 如果你的语言提供了 `for` 循环和 `while` 循环的选择，那么你通常应该选择 for 循环。这似乎有点有悖于直觉，因为 while 循环至少功能同样强大：我们总是可以使用 while 循环来重写使用 for 循环的代码[⊖]。然而，一个常见的 bug 是意外的死循环：无限重复一个应该只执行有限次数的循环。而在实践中，你更有可能在 while 循环中引入这类 bug，而不是等效的 for 循环。这是为什么呢？因为 for 循环的语法明确地显示了循环变量和它所遍历的有限集合，该变量在每次遍历时都会发生改变。例如：

Python 示例

```
for i in range(0, 5):
    # do some things...
    # i is never changed inside the loop
```

相比之下，在 while 循环中，你必须在循环内部的代码中自己管理循环变量的变化。下面是等效于上面 for 循环的 while 循环。

Python 示例

```
i = 0
while (i < 5):
    # do some things...
    i += 1
```

while 循环在进入循环时无法知道（为该循环写一个表达式）应该循环多少次，这其实是很方便的。例如，下面是一些代码，该代码用于找到最大的能整除某个整数的 2 次幂，即：

Python 示例

```
n = composite
power = 0
while (n % 2 == 0):
    power += 1
    n /= 2
print("2␣to␣the␣power", power, "divides", composite)
```

⊖ 在 Java 和许多其他语言中，你也可以随时使用 for 循环来代替 while 循环，所以这两种循环在形式上是可以互换的。

这种额外的灵活性可能非常有用，但如果你并不需要，那么这就只是一次可以让你忘记更改循环变量的机会。

小提示

除非有充分的理由说明你需要 while 循环的灵活性，否则请用 for 循环。

有一个习惯可以防止你意外地编写无限重复的 while 循环，即在注释中记录什么情况下循环应该终止。你写的注释不一定要非常正式才有价值。在最后一个例子中，你可以写“*n*/2 直到结果是奇数”。

类似的注意事项也适用于递归代码：如果你编写的代码可能会调用自身，并且希望它能够终止，那么你必须考虑它在什么情况下会终止。下面是上一个示例的 Haskell 版本：

Haskell 示例

```
powerOf2In :: Integer -> Integer
powerOf2In n | n `mod` 2 > 0 = 0
             | otherwise = 1 + (powerOf2In (n `div` 2))
```

在这段递归代码中，我们明确地给出了程序终止的基本情况：即有一行代码指出当我们不能再将 2 整除 n（因为它是奇数）时，会发生什么。这种风格可能会有助于你思考代码终止的问题。然而，它并不能保证这个基本情况一定会出现，所以你仍然必须考虑这个问题。

避免空指针异常 当你的代码接受一个引用时，在你使用该引用（也就是说，使用它来访问它所指向的元素）之前，可能没有别的办法来检查（例如使用 isNull 函数）它是不是空的。不过偶尔，你可以使用类似这样的技巧来避免使用引用的风险：当你想将一个已知的对象，例如一个字面量字符串，与一个可能是空的对象进行比较时，调用已知对象的 equals 方法。

Java 示例

```java
// String s might be null
s.equals("foo"); // might give NPE
"foo".equals(s); // may look odd, but cannot give NPE
```

为了帮助你自己，以及其他编写与你的代码交互的代码的人，当你编写具备返回值的方法时，请记录它们是否可能或永远不会返回 `null`。作为一种风格，当你有选择的时候，最好写出保证不返回 `null` 的方法。你不妨看看如何使用 `@NotNull` 这样的注解，这也可以帮助你。

避免 off-by-one 错误 这种错误可以出现在任何编程语言中。

术语：off-by-one 错误

off-by-one 错误是程序逻辑中的错误，即某些数值与正确值之间的差值为 1。

一个常见的原因是在你的预期是≤或类似的地方写了 <，这在循环边界中是特别常见的问题。在可以的情况下，在一个集合上进行遍历，而不是使用一个不需要的循环变量。例如，在 Java 中可以这样做：

Java 示例

```java
for (String s : args)
{
  // things that use s
}
```

它比如下示例更安全：

Java 示例

```java
for (int i = 0; i < args.length; i++)
{
  String s = args[i];
  // things that use s
}
```

因为如果代码中没有整数 `i`，你就不会因为它而出错！就像讨论 `for` 循环与 `while` 循环一样，版本越安全，灵活性也越低；而有时你确实会需要一个明显的循环变量。不过还是应该养成习惯：除非你特别需要灵活性，否则请使用更安全的版本。

当你向数组或列表中建立索引时，也会出现 off-by-one 错误。在许多语言中，数组的第一个元素的索引是 0，而不是 1，而我们一直以来都是从 1 开始计数的，这可能需要一段时间来适应！

避免意外赋值 最后让我们回到前面探讨的 `=`/`==` 问题。这里有一个许多人喜欢的技巧。当你想比较事物时，经常会出现这样的情况：其中一个是你可以赋值的元素，而其中一个不是。例如，在 Java 中，你可以写

```
x = 0
```

但不能写

```
0 = x
```

因为 0 是一个常量。你可以利用这个规则，养成在比较的左侧写常数的习惯。对于

```
x == 0
```

如果你漏掉了一个等号，你的代码也不会报错，但并没有达到你的目的。而对于

```
0 == x
```

如果你不小心漏掉了一个等号，编译器会指出你的错误，因为 `0 = x` 不是合法的代码。

9.6.3 防御式编程

假设你正在编写一个接受一个整型参数的函数，并且你认为这个函数的调用者应该确保他们传入的整数是正数。也许你相信这一点是因为期望已经在一个先决条件中被明确地表达出来了，如第 8 章所讨论的。如果你还是把它作为函数所做的第一件事来检查，这就是一个防御性编程的例子：你在防御调用者犯错误的可能性。

术语：防御式编程

防御式编程是任何可以最大限度地减少bug或任何其他不可预见的情况所造成的伤害的编程技术的总称。

通过防御式编程，你可以确保自己不会因为并非你的错误造成的问题而受到指责。如果你检查了一个先决条件，并且在代码被调用时立即对它不应该处理的参数进行报错，那么就避免了代码在它不应该处理的参数上出现问题，以及后来有人为此而责怪你的风险。当然，通常你会同时是调用者和被调用者的作者，在这种情况下，防御式编程对你的好处是可以更容易地确定问题的起因。

更普遍来说，你需要防御什么，以及如何防御，取决于具体情况。有时（比如，在许多安全优先的情况下），让程序继续运行是很重要的，即使发生了一些意想不到的事情；例如，你可以为缺失的数据提供合理的默认值，以防止程序崩溃或出现不可预测的行为。在其他情况下，最好是在出现问题时立即停止程序，并发出有用的诊断信息；这样可以防止出现问题以后可能引起的难以追踪的错误行为。

学生们经常担心，因为插入了不必要的、必然能够通过的检查（如果程序中的其他所有内容都是正确的），他们会使得程序变得臃肿而且效率低下。不用担心这个问题，大多数这样的检查都是非常快速的，而且现代编译器非常善于优化那些真正不必要的检查。人的脑力是更有限的资源，这才是你应该努力节省的。

也就是说，如果你以及代码的其他每一个读者，都能很容易、很自信地看到检查是不必要的，那么加入检查就不会有任何好处，而这是一种代码意识。

第 10 章

如何优化程序

我们在第 9 章讨论了如何调试程序，并在第 8 章谈到了让程序清晰可读的基础知识。除了这些我们还能做些什么来进一步优化我们的程序呢？

本章我们会涉及程序设计。在软件工程中，设计指的不仅仅是构建出能满足需求的软件，还要用最佳的方式实现。判断设计好坏的方式有很多，其中两条是：

- 程序的可维护程度。
- 程序的效率。

我们将分别讨论这两个方面，然后再讨论你如何能做到。也就是说，如果你的程序工作正常，但是你希望它可以、并且也应该更易于维护或者更高效，在不破坏功能的情况下，你能如何安全地作出改进呢？要做到这一点，你需要使用一种被称为重构的技术（在第 9 章略有涉及）。

10.1　可维护性

在说到程序的可维护性时，人们非常合理的第一反应就是困惑。代码又不会损耗，需要重新输入，行尾的分号也不会时常脱落——那可维护性到底说的是什么呢？在软件行业早期，“维护”这个词就已经存在，或许借用了实物生产行业的术语。其实并不是程序本身需要维护，而是程序与其所处环境之间的关系需要维护，其中包括与其交互的人、流程和软硬件。当环境中的事物变化时，为了保持这种关系，程序也需要调整。比如，通常，当编程语言更新版本时，程序将不得不做出调整来保持更新，这很正常。更加常见的情况是为了满足用户的需求变化而调整程序。如果将定义延伸，即便是修复错误也可以被视为某种维护工作。越容易实现任何必要的修改，说明你的程序越易于维护。

当你刚开始学习编程时，特别是在初级教程中人工预设的场景下，你很难感受到这类问题的存在。最可能的情况是，你需要解决清晰定义的问题，但在进行的过程中任何问题都不会发生变化。即便如此，考虑程序的可维护性依然是一个应该培养的好习惯，因为让代码易于维护的同时也有助于保证其正确性。

确保程序可维护性的第一步是遵守我们第 8 章所讨论的指导方针——编写清晰的程序。因为在对程序进行任何形式的维护时，都需要有人能了解其工作方式，才能放心地对其进行修改。如果你的程序晦涩难懂，人们便会猜测程序当前的行为或应该执行的动作，这样会降低修改过程的可靠程度。

小提示

即便你认定你将是唯一会修改程序的人，依然需要努力让程序清晰明了。你可能会惊讶地发现，你会以飞快的速度忘记自己在编写程序时脑子里的想法！

保证可维护性的第二步是思考将来程序最可能需要进行怎样的变更，并构造程序，让这些变更尽可能容易。这听起来就像是需要一个魔法水晶球，事实上并不总是那么容易。当你的程序是提供三种小组件时，你可能会猜测，在将来很有可能需要增加第四种小组件。但是否真的会这样，你无法通过观察代码就能得出结论：这取决于现实世界。

10.1.1 消除重复

> **"编写一次"原则**
>
> 该原则是指，每件事情（例如每个独立的决定），只应该体现在程序的一个地方。这样一来，如果某天这个决定需要变化，只需要修改程序的一处。这样不仅更简单，而且还能避免意外漏掉某处修改的风险。

这只是一个经验法则，并不精确，因为不应该重复出现的事物并不是总是那么明显。有些情况非常清晰。假设你在程序中将一大段代码一模一样地重复了三次，在所有你能想象到的情况下，在修改任何一处代码时，都不得不对其他两处做出相同的修改。然后，毫无理由地，这个决定在代码中被编写了三次。你一定要想办法消除这样的重复，或许可以将这段代码抽取到函数内，然后调用该函数三次。然而，对于小段代码来说，重要的是需要时刻审视他们是否真的永远是相同的——它们是记录了相同的决定？或者现在只是碰巧是相同而已？

下面是一个简单的例子：

Java 代码示例（重构前）

```
if (noItems > 10) {
  basketKind = "big";
  sorted = 1;
} else if (noItems > 5) {
  basketKind = "medium";
  sorted = 1;
} else {
  basketKind = "small";
  sorted = 1;
}
```

这里有几处错误。与其一次修复所有错误，我们会先选择一处去改进。这里我们注意到这行代码：

```
sorted = 1;
```

它出现了三次。假设在上下文中，我们了解到这确实是重复的决策——如果我们修改其中一行（例如，将 sorted 改成 decided，或者将类型改为 boolean 类型，那么它就应该被赋值为 true 而不是 1），那么这三行代码都必须要修改。我们可以修改代码，让这行代码只出现一次而不改变程序的行为。这就是一个重构的例子。修改后的代码如下：

Java 代码示例（在完成第一步重构后）

```
if (noItems > 10) {
  basketKind = "big";
} else if (noItems > 5) {
  basketKind = "medium";
} else {
  basketKind = "small";
}
sorted = 1;
```

第二版的代码看起来更加精炼简洁，但是这并不是真正的关键所在。关键在于程序中不会再有重复多次的代码。现在，如果我们决定修改变量 sorted 的类型或名称，只需要在一处修改，而不是多处。这样不仅更加简单高效，更重要的是我们出错的概率会更小。由于修改了一处代码而遗漏另一处重复代码而引起的错误是非常令人头疼的，我们可以通过消除重复来避免这样的错误。

小提示

请注意：虽然消除重复通常很有用，但是如果你发现自己对于程序的简短过于自豪时，则应该高度警惕。在许多情况下，过短的代码可能会比长的代码更难维护，因为它可能更难以理解，同时其各部分的相关依赖也可能会更加复杂。

以下面这个 Haskell 语言的 Fizz Buzz 解决方案为例。它是我们目前为止看过最短的，但你必须是一个 Haskell 老手才能理解它的运行原理，即便如此，理解它你花了多长时间？

Haskell 示例

```
main :: IO ()
main = h (zipWith3 g (f 3 "Fizz") (f 5 "Buzz") [1..100])
  where
    f n s = cycle (replicate (n-1) "" ++ [s])
    g s t n = head (filter (not . null) [s ++ t, show n])
    h = putStr . unlines
```

那下面这个稍长点的版本呢？

Haskell 示例

```
say :: Integer -> String
say i | (i `mod` 3 == 0) && (i `mod` 5 == 0) = "FizzBuzz"
      | i `mod` 3 == 0 = "Fizz"
      | i `mod` 5 == 0 = "Buzz"
      | otherwise = show i

main :: IO()
main = putStr $ unlines $ map say [1..100]
```

即便你没有学过 Haskell 语言，你也能看出第二个版本的代码更能说明需要解决的问题。其中 say 函数通过一个整型数字计算出字符串，然后再通过 main 函数来打印这些字符串。

魔法常量

魔法常量是程序中出现的文字值。例如，在 FizzBuzz 程序中出现的 3、5、“Fizz”和“Buzz”，还有在 Java 示例中为 noItems 设置的特殊阈值 5 和 10。

大多数情况下，最好用命名常量替换这些文字值，并在程序的其他位置为该命名常量赋值。

Java示例

```java
if (noItems > LARGE_NUMBER_OF_ITEMS) {
  basketKind = "big";
} else if (noItems > MEDIUM_NUMBER_OF_ITEMS) {
  basketKind = "medium";
} else {
  basketKind = "small";
}
sorted = 1;
```

可以说这样更加清晰，但牺牲了一些自包含性。为了完整地理解它，你不得不查找这些常量的值。在你权衡将文字值替换为命名常量的利弊时，请记住几个因素。

- 程序中会多久使用一次文字值（出于完全一样的目的，因此更改一个实例肯定需要修改所有）？文字值的使用频率越高，你从命名常量获得的好处就越多，特别是当它们在程序中被广泛使用时。某处修改被遗漏的风险将会降低。
- 文字值有多大可能会被修改？可能性越大，使用命名常量的好处就越大，在定义它的位置修改一次即可。另一个极端的例子是，大多数程序都会在角色中使用到0这个文字值，但绝不会修改它，那么用命名常量来代替这种用法不会获得任何好处。
- 你能想到一个合适的常量名来解释为什么使用该文字值吗？如果可以，那么使用命名常量会让代码更容易理解。例如，DAYS_IN_WEEK有时比7更具可读性。
- 命名变量能最大限度地减小复制错误吗？例如，与其重复地使用3.1415926535，使用命名变量PI能让程序员避免输入错误和使用不一致的精度。

不要机械地在程序中使用命名变量来取代每个文字值，只有当好处大于付出的代价时才这么做。

10.1.2 选择抽象

软件设计很大程度上是为程序选择一个好的结构。比如，你可能会引入能被调用多次的子程序来避免重复的代码。

但是抽象不仅限于此，选择一系列抽象会为程序提供一种概念性的方法：你识别出代码阅读者应该关注的某些事物。为了让他们能够理解程序并对其进行可预见的更改，你谨慎地挑选出他们需要了解和使用的事物。程序中名称的集合应该为讨论程序的现实作用提供有用的词汇。

例如，将某段代码抽取到一个新的函数中是很有用的。如果你能给函数起一个能解释其作用的好名称，那么即使这个函数只会被调用一次也是值得的。这是因为，如果你或者他人以后在代码中调查错误，并且你确信问题与这部分无关，那么你可以避免查看这段代码。也就是说：代码的阅读者需要知道这里有一个叫作 this 的函数，但他们可能不需要详细知道这个函数具体在干什么，他们能简单地假设函数的名称是一个合理的描述。

假设刚开始某个练习时，你的代码是这样的：

Python 示例（重构前）

```
def total(basket, country):
    total = 0
    for item in basket:
        total += price(item)
    if total > 10: #free shipping offer
        return total
    if country == "UK" and weight(basket) <= 1:
        total += STANDARD_UK_SHIPPING
    else:
        raise NotImplementedError
    return total
```

从 NotImplementedError 可以看出，这段程序还没完成：当程序目前无法处理的情形发生时，它会抛出一个异常。然而，代码已经有点杂乱了。在你开始处理其他场景之前，你可能会将它重构成下面这样：

Python 示例（重构后）

```
def total(basket, country):
    total = basket_total(basket)
    if total > 10: #free shipping offer
        shipping = 0
    else:
        shipping = shipping_cost(basket, country)
    return total + shipping

def basket_total(basket):
    return sum (price(item) for item in basket)

def shipping_cost(basket, country):
    if country == "UK" and weight(basket) <= 1:
        return STANDARD_UK_SHIPPING
    else:
        raise NotImplementedError
```

功能没有变化，但是在第二份代码中，我们将函数需要执行的各项独立工作块拆分为单独的命名函数。如果运费的计算逻辑出现问题，或需要修改的时候，你只需要查看 shipping_cost 函数，而不用理会 basket_total 函数。即使代码并未完成，依然值得在编写程序时做出这样的重构。比如，专注于计算商品总价格（basket_total）的代码，促使我们的编码方式更具 Python 风格。

经验之谈就是尽最大可能地将必定会改变的东西在程序中聚拢在一起。面向对象编程成功的最重要的原因是因为程序结构化的部分通常是和真实世界对应的。它们不一定是现实存在的事物，但它们是领域概念，即对客户有意义的东西，因此他们通常用名词代指，例如：账户、客户、交易。现实世界中的一组变化，导致程序的变化，很可能是围绕某个领域概念展开的。因为对应这一领域概念的代码都集中在代码中的一块，所以很有可能我们只需要修改那一块代码。相比而言，如果我们根据业务的步骤来组织程序，那么很有可能那些涉及相同领域概念的多个步骤都需要修改。

小提示

为函数选择合适的名称，可以推动改善程序结构的过程。比如，如果你发现很难命名某个函数是因为它在处理两件不相干的事情，可以将函数拆分，这样一来每个函数都能有个好名称。

当你看到某段程序，发现其中所有名称都很合适并且简短时，很容易认为那个程序员很幸运。你可能会异想天开地认为领域概念是如此轻易就能被清晰简洁地描述清楚。但事实上，你看到的或许是经过了不断的改进才得到的结果。或许程序员选择了最具描述性的名称（即使名称很长），然后将过长的名称视为表明程序结构尚不理想的标志。接下来通过重构（例如，拆分不内聚的单元；将通用代码抽象成超类或抽取成子函数）再换个更合适的名称。想要了解使用好的命名来推动设计改进过程的更全面讨论，请参见 J. B. Rainsberger 的博客（Rainsberger，2013）。

10.2 效率

计算机科学中，一大极具挑战性的部分是关于最小化进行各种计算所需的计算资源。

术语：摩尔定律

摩尔定律是戈登·摩尔（Gordon Moore）在 1965 年首次提出的经验观察，即芯片上的晶体管数量似乎每年都会增加一倍。

摩尔定律有很多变种，但细节并不重要，重要的是本质，即计算能力会呈指数级增长（大致上是因为晶体管的数量决定了在给定时间内芯片能完成的计算量）。虽然关于摩尔定律走到尽头的故事越来越常见，但迄今为止它依然塑造着软件工程的格局：计算机计算能力的发展速度远远超过我们对其编程的能力。这影响到了计算机科学家在“BIG O”[㊀]方面的思考。通常，程序员不值得耗费精力研究如何让程序的运行速度提升一倍或降低一半内存消耗，如果有这样的需要，采购一台更好的计算机比支付给程序员的工资更便宜。

小故事

在我刚成为专业软件开发人员的时候，我通过一本“粉红骆驼书”学会了Perl 语言，那是《Perl 语言编程》的第 1 版（之所以叫它粉红骆驼书，是因为书是粉红色[㊁]的，在封面上印有一只骆驼，但是可惜骆驼本身不是粉红色的）。在书的后半部分有个章节介绍了如何用 Perl 编写高效的程序，该章节给我留下了很深的印象，因为它帮助我理解了一些更有经验的同事之间的争论。

书中认为我们追求的效率可能有很多种。人们通常会考虑其中两种：**时间效率**，即如何让程序尽可能快地运行；**空间效率**，即如何让程序运行时尽可能少地占用内存。然而，在实际操作中，提高这两种效率的手段往往会存在冲突。比如，你可能会通过缓存一下中间结果来让程序运行得更快，但这样会导致更多的内存占用。到目前为止，还算中规中矩。最让人震撼的是（就好像听到了最好的笑话，就是那种带有严肃观点的笑话），它还定义了其他几种效率，例如，“开发者效率”，即不要浪费开发者的时间和精力，以及“用户效率”，即不要浪费程序使用者的时间和精力。书中指出，在追求另一种效率的同时降低一种效率的现象也存在。比如，如果你最关心的是让程序的使用者生活得更轻松，你可能会为它提供一个经过深思熟虑的界面，而如果你最关心的是让你自己的生活更轻松，你可能会只做对你来说最快捷的事情。没有哪种做法一定是正确的，这要视情况而定。

㊀ 如果你还不知道这是什么意思，下一句就是它的解释。如果你正在攻读计算机科学学位，你可能很快就会知道了。

㊁ 现在很难找到粉红色的版本了，新版书的封面变成了蓝色，但是还能在网上找到最早的粉红色版本。——译者注

书中没有谈到，但也许应该讨论的是**帕累托效率**（Pareto efficiency）。如果你心中有两种方法可供选择，而其中一种方法在你关心的某一方面效率较高，同时又不降低任何其他方面的效率，那么选择这种方法就肯定不会错了。

维护者效率（maintainer efficiency）的特别之处在于，它是对程序进行任何形式的改进的前提。

小提示

作为编程初学者，专注于编写清晰可读的程序几乎总是更好的选择，你将很少需要担心你所编写代码的时间和空间效率。

如果你的程序需要处理大量数据或是需要长时间执行，那么你可能需要担心对算法的选择。然而，更为普遍的问题并不是程序员对效率漠不关心，而是程序员过于担心效率。在日常情况下，标准库、优化编译器和智能运行时基础设施通常会比你更好地优化程序的速度或空间使用。执行循环运行五行代码一百万次和一千次之间的差别通常并不重要。

所以，首要问题是让你的程序运行正确，代码清晰。只有当你发现程序效率出现问题时再去担心它，比如，程序运行得不够快或是占用了太多空间。

然后询问自己以下问题：

- 你是否在使用标准库中最合适的组件？
- 你的程序在处理一些不必要的任务吗？
- （针对时间效率）程序是否在重复执行任务，这些任务的结果本应在首次执行后保存下来，然后查找？
- （针对空间效率）程序是否保存结果供后续查询，是不是等到再次需要的时候直接重做会更好呢？

即使是初学者，在你所使用的编程语言中，或许也有一些特殊的事情需要注意。例如，如果你在使用 Haskell 语言，你需要注意是在使用 `foldl` 还是 `foldr`。在 Java 语言中，你会很快学会用 `StringBuilder` 来构建长字符串而不是直接使用 `String`。这些事情是你学习使用某种语言编写惯用代码的一部分。

为了更进一步，你需要对计算复杂度有一定的了解。那将超出本书的范围。这里我们想说的是，有些任务，比如集合排序，已经被研究得非常透彻，通过代码来高效地完成这些任务的方法众所周知。与其自己编写代码来实现这些功能，你应该利用合适的库，这样比起你自己编写代码可能更高效（并且还能保证正确性）。除非你在练习实现排序算法，否则不要实现自己的排序算法。同样，如果你的代码要使用字典或哈希表等数据结构，也不要自己实现，除非那是你正关注于实现一个数据结构。花时间去熟悉标准库中你可以使用的组件是很值得的，这样你能知道什么情况下该用到哪些组件。

编码面试

耐人寻味的是，各大科技公司的招聘流程中形成了一个传统，即要求应聘者在高度受限的情况下解决某个编程小问题，比如在白板上写代码。问题要能够简洁地陈述和解决，而不需要对客户的需求进行大量的解释，所以他们往往关注数据结构和算法。好的解决方案与平庸的解决方案的区别往往在于所需的时间和空间。即便，如果你得到了这份工作，结果可能很少需要你操心算法和数据结构，但它们对于得到这份工作可能很重要。因此，在你上算法课时，需要密切关注，如果你正在为这样的面试做准备，可以考虑看一些专业书籍，例如 Gayle McDowell 所著的《程序员面试金典》（*Cracking the Coding Interview*）。保持编写清晰的代码，这样才能最大限度地发挥你高效代码的作用。

可以把这看成是一场游戏。对你的要求是像孔雀那样炫耀它的尾羽：尾羽本身并不那么重要，但雌孔雀必须以某种方式进行选择，而尾羽就是选择的标准。

10.3 重构

假设你已经意识到，你的程序虽然正确但还需要改进。或许你需要删除一些重复的代码，又或许你需要用一个更有效的库来代替你自己实现的字典。你该怎么做呢？

这个问题听起来很诡异，不是吗？为什么不能直接开始修改程序，改好了就停下来呢？

这里需要保持谨慎的原因是你已经调试过你的程序，并且你不想要重新再来一次。为了保持轻松的工作状态，你会希望将正常工作的程序修改成设计得更好的程序，但不想在这个过程中花费太多时间在非工作的软件上。重构——“改进既有代码的设计”（Martin Fowler，1999）可以帮你做到这一点。

首先，你需要某种方式来建立程序正确的信心，带着信心你可以立即展开工作，并根据需要在程序未来的版本上迭代。也就是说，你需要能够测试你的程序，正如我们在第 7 章所讨论的那样。

小提示

你真的应该花时间来保证良好的测试，即使你已经迫不及待地想要继续改进你的程序。

接下来，你的目标是以尽可能小的步骤来修改你的程序，并在每个步骤之后进行测试。这有点像你小时候可能玩过的一种游戏，你要把一个单词改成另一个单词，每次只能改一个字母，修改后的单词必须是一个真正的单词。图 10-1 说明了这个过程。

这种工作方式对保持你的压力水平很有好处：你所处理的永远尽在掌握，而且永远不会做出破坏你程序的变更。当你不确定你能在程序花多少时间时，这样会特别有帮助，因为每隔几分钟，你的程序就会回到完全工作的状态，所以你可以随时停止。

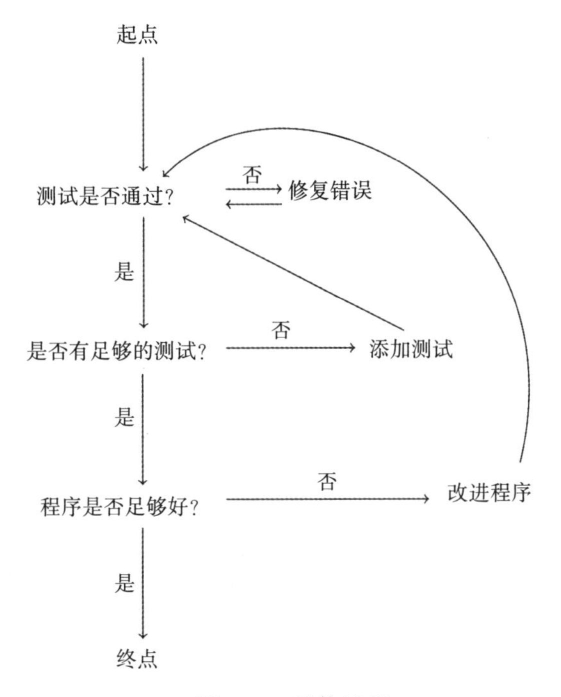

图 10-1　重构过程

你的重构步伐应该有多大，是你从经验中积累而来。通常，在每次重构之后，你应该会看到所有测试都通过。如果你发现有些测试会失败，或许你会看到采用更小的修改步伐会更加有效。设想我们的 Python 购物的例子，有些人会一次性实现我们最初两个版本间的所有任务。其他人可能会加入一个中间步骤，也许就像下面这样：

Python 示例（中等重构）

```
def total(basket, country):
    total = 0
    for item in basket:
        total += price(item)
    if total > 10: #free shipping offer
        return total
    else:
        total += shipping_cost(basket, country)
        return total
```

```
def shipping_cost(basket, country):
    if country == "UK" and weight(basket) <= 1:
        return STANDARD_UK_SHIPPING
    else:
        raise NotImplementedError
```

请注意，我们不仅在每次改进后都运行现有的测试集，并且每次都会问自己是否有足够的测试。例如，你可能决定为新的 shipping_cost 函数添加特定的测试，但如果你遵循测试驱动的开发方法（如第 7 章所述），那么作为“改进计划”步骤的一部分，在编写函数本身之前测试就已经编写完成了。

理想情况下，每一步重构都会让程序变得更好，所以无论何时停止，程序都是到目前为止最好的。

然而，也有例外的情况。有时你会发现程序需要重构，但以小步进行的方式会让程序在重构过程中变得不如现在清晰。这时就会让你很想放弃重构的纪律，尽可能快地一次性把所有的改动都完成。但即使在这样的情况下，重构也会帮助你避免陷入混乱的错误中。你应该做的是在开始之前确保你明白你要将程序重构成什么样子，在开始前确保有足够的时间，这样你就可以将程序一直重构到更理想结构，而不必使其处于可以工作、但又不尽如人意的状态。你不妨给自己写一些设计说明，或者画一张图来说明你所期望的最终状态，从而减低开始编辑代码后迷失方向的风险[1]。

重构到什么时候才算完美？

这完全取决于当时的情况。将一段代码一直打磨到你认为的完美状态是非常令人满足的事情。你这样做得越多，你就越能写出第一次就很好的代码。然而，你不会有时间将每段代码都打磨到完美。更有趣的是，所谓的“完美”取决于代码的用途：无论你如何组织你的代码，某些功能上的变化会比其他的更容易。最能支持那些实际需要的变更的代码结构才是完

[1] 如果你熟悉 Java，你可以阅读《代码整洁之道》的第 14 章，那一章中提供了此类重构的示例。但是，那一章长达 50 页，这也就是本章没有提供这样的示例的原因！

美的结构，但在现实生活中，你无法准确地预测变更。尽量让代码整洁、可读，并能支持那些可预期的变更，这是你可以为之骄傲的，但如果实在做不到，也不要为此而苦恼。

10.4 提升技能

作为本章标题的扩展，除了“吸收本书所说的一切”之外——你还能如何提升自己的技能，从而改善所有程序呢？让我们看看一种特定习惯，也许你会认为值得采用。那便是 Kata[㊀]。

术语：Kata

Kata 是一种修炼，为了提升自己的技巧而反复进行。

该术语起源于武术。Dave Thomas 在《程序员修炼之道》(*The Pragmatic Programmer*) 中首次将 Kata 的概念引入程序设计中，此想法随后被其他人所接受。其他一些武术术语也被引入编程领域：如果你发现附近有个编程道场，你可能想去那里修炼自己的 Kata。

如果你正在学习编程课程，你会觉得自己要完成的练习已经够多了。为什么还要更多呢？关键就是“反复”这个词。

你应该选取一种练习并反复操练，而不是连续做不同的练习。就像我们在第 3 章和本章开始时提到的 Fizz Buzz 就很合适。

随着你反复操练以前做过的练习，你会关注于打磨完美的程序，思考每一个细微的决策。你还摆脱了需要千方百计到达终点的压力感。这就好比你在反复进行同样的体育锻炼时，你的身体会形成肌肉记忆。你在编程时的各种招式也是如此，很

㊀ Kata 源自日本空手道，是招数、套路的意思。——译者注

快就会变得非常熟悉。

即便你知道如何解决技术问题，也不要去寻求捷径。例如，你仍然应该为程序编写测试，并在编程时运行它们。事实上，用测试驱动开发的方式进行 Kata 非常合适，有件事或许值得你去探索，那便是有些解决问题的方法相比于其他方法更容易测试。

小提示

即使每天练习 Kata 听起来不像你喜欢做的事情，你也可以偶尔复习一下做过的练习。你可以：

- 拿出之前完成的程序，并通过某种方式改进它。
- 在不参考之前实现的情况下重做该练习，然后比较两个实现。你是否觉得这次的更容易？之前的实现中是否有你值得注意的地方？

你还可以将 Kata 作为基准，修改练习或为自己设置一些解题规则。如果你经常在 Kata 中使用循环，那你可以完成一个使用递归的版本吗？假设你需要更灵活，比如，修改何时打印 Fizz 和 Buzz 的规则？如果你开始使用新的工具，例如 IDE，用它来练习 Kata 会帮你熟悉这个工具。当你开始学习新的语言，用新的语言来练习 Kata 会是在编写 Hello World 程序之后的有益补充，它能帮助你理解语言之间的相似性和差异性。

懒惰，急躁和傲慢？

Perl 语言的设计者 Larry Wall 有一个带着严肃意味的笑话：他认为优秀程序员最重要的三个品质分别是懒惰、急躁和傲慢，他想鼓励程序员培养这些品质。在你改进程序的过程中，这些怎么会是好的目标呢？

懒惰，曾经有位数学老师经常说“数学是懒惰的艺术”，因为很多数学问题都是在寻求简单的方法，如果用显而易见的方式就会很困难。相似地，优秀的程序员会思考如何让自己将来工作得更省心，于是便尽可能将程序设计得易于修改。更有甚者，优秀的程序员会对高质量的库善加利用，如果已经有人写好了你想要完成的代码，则可以完全省去编写这部分代码的工作。

急躁是对懒惰的必要制衡。该特质会驱使你提升程序效率，任何一种与你当前相关的效率。例如，当程序运行时间比预期更久时（时间效率），它会迫使你去调查解决。该特质还告诉你，仅出于一个原因就不得不在五个位置更改代码是令人无法忍受的，因此你最好改进设计，避免这种情况再次出现（维护效率）。

傲慢意味着过度的骄傲。就是这种特质使你想要编写出最优秀的程序，让每个人都为之赞叹，从而让你充满信心。

在撰写本书时，YouTube上有一段名为"Hobbits Would Make Great Programmers"的视频，其中Larry Wall解释说，程序员应当具有三个霍比特人所具备的特征：

- 以非常勤奋的方式懒惰。
- 以非常耐心的方式急躁。
- 以非常谦虚的方式骄傲。

第 11 章

如何获得帮助

在你感到困惑或完全无法继续时该怎么办？你的程序无法工作，而你也不知道原因，或者你甚至不知道怎么开始下一步练习。该怎么办？

最重要的是——

保持冷静！

如果这句话或是本章中其他内容看起来好像高高在上，我深表歉意。但事实上，很多学生在这种情况下会惊慌失措。他们可能会放弃，不交作业；或者抱着不及格的想法去参加考试；甚至放弃课程。有些人可能会作弊：他们会抄袭他人的答卷，甚至请人代考。

下面就来看看应该如何应对。首先，确定自己遇到了什么问题。

1. 你是不是已经苦苦挣扎数周，或者在朋友或参考答案的帮助下还能过得去，但是现在已经停滞不前？

2. 或者，你总体上做得还不错，但是目前感觉很迷茫？

比如，你是否有信心完全理解你编写的上一段程序，并且能在没有帮助的情况下从头再写一遍？如果是，你可能是第二种情况；如果不是，那你很可能是第一种情况。

小提示

在自我整理的过程中，你所锻炼的学习技巧是非常重要的技巧。它们比任何一个单独的编程技巧都重要，并且它们能让你的下一个编程技能学起来更轻松、省力。因此不要将你花在自我整理上的时间视为浪费——它们可能是最有价值的。

我们先来探讨一下如何处理更加严重的情况。

11.1 解决一般问题

如果你感到力不从心，不仅仅是无法完成当前的编程练习，还有上一个甚至更早的练习，那么你需要采取彻底的行动。回顾已经安排给你的练习或教科书上的练习，并向前回溯到你开始学习这门语言的时候。直到你找到那组你确定自己完全有信心完成的练习再停下来。如果你无法找到（在这种情况下，完成下文中第一个练习），那就干脆从头开始。如果有疑问，可以从比较容易的那套开始。

编程练习

你需要一组分等级的编程练习，因为不去编写程序就无法学习编程。你可能会在课程中找到一份练习，但是如果没有，那么请找到包含有习题的对应语言的教科书或在线课程。

（你可能会说：“我没有时间，我的作业需要在XX时间内完成！”不，你会挤得出时间。因为这个过程能让你摆脱困境。如果你身陷困境，如果不这样做你就没法老老实实地提交作业。而你一旦在作业上作弊，会让你陷入更大的麻烦。忍忍吧。）

现在，不查看你或其他人先前的答案，完成这套习题中的一个练习。然后你需要检查你的答案。如果有可用的测试或自动化的编译器，运行它们，直到显示没有任何问题。否则，看一看参考答案（如果有的话），但前提是要在你内心深处思考这个问题的答案：

你是否完全理解你写的每一行代码？

只有当你的答案是肯定的时候才能继续。这是因为如果你诚实回答了“是”，那么你就应该能够理解参考答案和你答案的不同，并知道你的答案是否同样是正确的。

如果（很有可能）你发现自己不确定自己在现阶段是否完全有信心，恭喜你自己发现到了这一点。请记住，你的大脑有时候会欺骗你，让你觉得你完全理解了某样东西，但其实并非如此（这很正常）。根据需要进行回顾，能让你得到答案。

好了，现在要么你回到了起点，要么你知道你能够完成到目前为止所有练习。你要继续前进，但尽量不要跳过那些你不理解的知识，否则你将一无所获。不过问题的严重程度可能取决于你的具体情况。

正确地迎头赶上　在时间允许的情况下，从现在起摆正心态，这一次你将完全掌握这些知识。在完全理解了眼前的知识后，再来学习课程的下一部分。或许是在下周，或者下个章节。复习你的笔记，观看一些相关的视频，阅读课本上的相关章节。在这个过程中，将你还没完全理解的知识点列出来。跟进学习，如果有必要的话使用 11.2 节中介绍的技巧。一旦你感到有信心，从下一组练习中挑出一到两个问题进行练习。没有必要将每组中的所有练习都重做一遍，但你需要达到你有信心做到的程度。或许你能随机挑选练习，从而避免下意识地避开难题。步步为营，一路向前。与同伴一起练习是件不错的事情：你可以尝试用结对编程的方式来完成一些过去的练习，和同伴交替使用键盘。

术语：结对编程

结对编程是指两个人同时在一台计算机上编写程序。一个人负责键盘输入，而另一个在旁边观察：留意程序是否朝着正确的方向发展，或者前方是否有障碍？换句话说，就是敲打键盘的人是否在使用正确的策略编写良好的程序，代码有没有问题和错误？

结对编程实践有时会被专业程序员采用（特别是在敏捷软件开发中），因为，尽管这样会花费更多时间，但是它能带来更高质量的程序。作为学生，你会发现这是一种很好的学习方式。

略读 如果你实在没时间了，可以尝试这样一种捷径，但是要注意这样做的风险，它可能会适得其反。接下来你要标记出教材中的重点，并确保你已经理解这些内容，然后准备跳过那些看起来和你被卡住的练习无关的内容。例如，如果你从笔记中找到如何从标准输入中获取内容的段落，而你的练习没有涉及这些内容，那么你可以暂时忽略这些内容。但是，你一定要记录下来，提醒自己稍后回顾这个部分。

相比正确的赶上进度，略读可以节省时间，但风险是你不一定能够完全识别出那些相关的重点——教材后面的知识可能依赖于前面的知识，但这种依赖并不总是很明显。

11.2 解决具体问题

如果你一直学得不错，但是开始感到困惑，那么正确地处理当前处境能避免在将来遇到更多这样的一般性问题。

第一步是去分析是什么让你困惑。如果你的问题是编译错误或运行错误，又或者你的程序返回了意外的结果，那么在第 9 章介绍的技巧或许是你需要的。如果你的程序有时能执行成功，但有时会失败，那么你需要对它进行系统的测试，如第 7 章所介绍的那样。

11.2.1 从错误信息中获得帮助

如果你的问题是持续收到特定类型的错误信息，表明你无法系统地理解语言中某些东西，该怎么办？在第 9 章中，我们简要提到过，对于你不了解的错误信息，最有用、或许也是最令人惊讶的操作之一就是将其粘贴到你喜欢的搜索引擎中。你所使用的语言越流行，效果越好，但如果幸运的话，它会将你直接带到一个或多个页面，一些有帮助的人可以确切地解释它的含义以及如何解决引发错误提示的问题。然而，还是需要保持警惕。

- 不要挖得太深入。有些错误信息在各种各样的情况下都会出现，你很容易陷入其中，试图理解为什么别人也会收到这类错误信息的讨论中，而你会得到错误的原因。
- 谨慎使用你不完全理解的解决方案。如果将其他人的代码粘贴到你的程序中，可能使情况变得更糟。理解可能的方案是否适用于你的上下文很重要，并且应该始终用注释在程序中清楚地分隔从其他地方获得的代码。如果你要提交代码完成考试，那么无论如何都必须这样做。
- 如果在无法访问互联网的情况下参加考试，请当心不要过于依赖这个技巧或任何其他基于搜索的技巧。

尝试分析为什么你不理解该消息是你可以做的另一件事。错误信息之所以经常难以理解的原因之一是，它们写得非常简洁，所使用的术语是语言专家能理解但初学者看不懂的。如果你可以识别出你不了解的术语，那么在语言文档或喜欢的搜索引擎中进行查找可能会很有帮助。

例如，在 C 语言编译过程中有时会出现这样一个错误信息：

```
foo.c:8: error: lvalue required as left operand of assignment
```

如果你理解 C 语言中“lvalue”“operand”和“assignment”的含义，那么这段错误信息就很有意义，并且可能提供了有用的信息。

11.2.2 查找说明和有用的代码

有时，当你为某个问题而苦苦挣扎时，你很可能并不是第一个遇到该问题的人。搜索可能会得到很多结果，但是我们在讨论搜索错误信息时提到的警告在这里也适用。你想要做的事情越通用，并且你的语言使用得越广泛，搜索就越有帮助。例如，搜索：

 java 从文件中读取

这很好地解释了每个初学者在学习 Java 语言时都会遇到的难题。

当你搜索时，你可能还会发现一段可能对你有用的代码，从上下文看它或许是向导代码或论坛上针对某个问题的解答。复制、粘贴这段代码通常是不明智的选择，即便这是被允许的。最好的办法是仔细地阅读它，增强自己的理解，然后将它放在一边，用自己的理解编写你自己的代码。

这样会降低复制、粘贴自己不理解的代码所带来的风险，最终只会写出自己都看不懂的代码，从而成为技术债。如果你要进行复制、粘贴，或者你没有完全理解你找到的代码，添加注释来标明这些建议的出处和这段代码的来源，你将来可能会要回过头去再阅读一些附带的说明。

 小提示

注意你在网上找到的那些材料的日期，要当心：那些材料可能是针对你的编程语言的某个过去的版本所编写。

使用标准库是利用他人编写代码的最佳方式。如果某个库提供了你需要的功能，你应该避免重复制造轮子（除非是练习中的特殊要求）。如果你所学习的语言提供标准库的文档，那么花些时间浏览它们，善加利用可以让你事半功倍。

非标准库是可以引入到程序中使用的代码库，但并不是语言原生提供给人们使

用的。使用非标准库是一种有趣的中间情况，尤其是当你发现自己可以选择使用它，也可以选择编写（或复制）你自己的代码完成相同的事情时。使用库的优势是分离关注点，你的代码能专注于首要任务上，而库为你提供能简单使用的功能。无法访问库的人将无法使用你的代码，如果未来的哪一天库不复存在或损坏了，那么程序将出现问题。

11.2.3 解决复杂的程序问题

假设你的程序到了已经过于复杂以至于没有人能够读懂的阶段，而你也完全陷入了困境：程序行为有些扑朔迷离，并且你尝试调试的过程也非常失败，你对应该如何改进程序一无所知。在理想的世界中，这是谁也不希望遇到的情况。因为你的目标是让程序始终保持清晰、结构合理且能够被完全理解。但是，在现实世界中，这种情况确实时有发生。实际上，即使你自己拥有无可挑剔的编码习惯，有时当你必须接手他人的代码时也会遇到这样的问题。

不要排除重新开始的可能性。如果你的代码只有几百行，或者更少，而你意识到它就是一个乱七八糟、纠缠不清的意大利面条式代码，那么从一个空白文件开始可能是最快捷的办法，这一次要保持代码的清晰，确保你理解其中的每一行，并在编写的过程中仔细测试。

然而，重新开始并不总是正确的选择；有些时候，它是不切实际的，而有些时候，只是单纯地没有必要：也许你的代码看起来相当清晰，只是有些东西没有按照你的期望工作，而你又无法清楚地厘清原因来摆脱这个问题。那么，如果你不能直接摆脱复杂的问题，你就需要把问题简化，让问题更明显，以便他人能够帮助你。

做一个最小错误示范 刻意构造一个错误的新程序，看起来可能很奇怪。但是，一个和你程序因为相同原因不工作的小程序其实很有用。

术语：最小错误示范

最小错误示范（MNWE）（针对某个特定问题）是你能构建的最小、最简单的，但依然有特定问题的程序。

一个简单的小程序对你来说更容易理解，所以只要你仔细观察，就很有可能找出问题所在。如果你向别人寻求帮助，拥有 MNWE 就更加重要了——他们需要阅读的与问题无关的内容越少，他们就能更快、更容易地理解发生了什么，并帮助到你，他们也更有可能愿意这样做。

要建立最小错误示范，先将包含问题的程序复制一份，然后开始剪切并注释部分内容。在每一次修改后，做任何你需要做的事情（比如重新编译、重新运行）来检查问题是否仍然存在。具体来说，我建议从程序中你最确信与问题无关的部分开始。把它注释掉，必要时用虚拟值代替。例如，如果你正在注释一段应该返回一个整数的代码块，而你认为它返回什么整数并不重要（对你的问题来说），你可以注释掉实际的计算逻辑，并用返回 0 的语句来代替。重新处理程序并检查是否如预期的那样，问题依然存在。检查完毕后，删除注释出来的代码。这有助于使你所看的代码在视觉上变得更简单，从而使你更有可能理解发生了什么。

可能在某个时刻，你删除了一些你认为无关的代码，但意外的是，问题消失了或发生了变化。这样的意外能帮你逐渐理解问题——这也是为什么你应该经常检查你是否无意中使问题消失了。通常发生的情况是，在构建最小错误示范的过程中，你开始顿悟发生了什么。有时候，这种顿悟像闪电一样突然到来。更多的时候，当你的例子变得非常简单时，你会发现问题一定出在某段特定的代码或库的特性中。然后你就可以仔细阅读该特性的文档，学习如何解决自己的问题。

如果这种情况没有发生，你就继续简化程序，直到某一步的简化使问题消失，你仍然取得了很大进展，因为现在你有这样一个小程序，即使你无法用很简单的方式来理解它的行为，你也可以把它拿去请教那些能够帮助你的人。由于它现在离实际的课业问题的答案还有很长的路要走，你可能会觉得与一个可能比你更了解它的同学分享它是很愉快的（不过必须符合学校的规定！）。另外，如果你把它拿给老师，他们可能会很快、很轻松地向你提供帮助，因为你的例子不再是杂乱无章的东西，也没有纠缠与问题无关的信息。

11.2.4 寻求帮助

更普遍地说，你应该何时寻求帮助？向谁寻求帮助？如果你卡在某个具体的需要考核的练习中，你可能首先需要看看什么样的帮助或讨论是被允许的。很可能的是，如果练习不会被记入学分，那么和同伴进行某种程度的讨论是允许的。但如果练习会被记入学分，通常你需要完全独立完成。

如果你可以和同伴讨论，那么讨论可能很有建设性。但是，这也可能会让你误以为自己完全理解了，所以要当心。在实践中，能够理解来自他人的解决方案与能够自己提出解决方案之间存在着巨大的差距。因此不要过于依赖他人的帮助，要在接受帮助的同时寻求机会向他人提供帮助。

很多课程都提供了对应的课程论坛，鼓励学生们在论坛上寻求帮助。相比直接和另一个人面对面交流，这样做有利有弊。有利的方面是，你的问题能让更多人知道，比面对面交流更快捷，因此更容易遇到有能力也愿意帮助你的人。还有一个不太明显的好处是，通过清晰、简洁的文本来提出问题的过程，通常可以帮助你厘清思路。在思考如何提出问题的过程中找到问题答案的情况并不少见。（这与我们在第 9 章中讨论过的纸板调试过程类似。）从不利的方面来看，你必须花时间去编写问题，这种情况下，你越疑惑越难以编写——你可能还要花时间等待回应。

小提示

即使你的问题只提给与你上同一门课程的人，也要仔细编写并提供相关的细节。比如，不要只说“它不工作了”或“它出错了”——要准确说出它是如何不工作，或者你到底看到了什么错误。

你应该转向更广阔的互联网吗？像 StackOverflow[㊀]这样的网站是专为程序员架设，让他们询问有关编程的问题。作为一名早期学生，我强烈建议你对此保持谨慎。你的问题很可能可以通过阅读标准文档来解决，或者以前曾经被人问过，而 StackOverflow 上的用户们会对这类问题很不耐烦。

但是，“谨慎”并不意味着“绝对不要这样做”：它只是代表提问要尽可能清晰和准确。例如，不要问“为什么这样不行？”而应该说“我希望这段代码的输入为 1 时返回 4，但它却返回回了 3，为什么？”。列举出你已经查阅的标准资源，以及为何密切相关的问题无法为你的问题提供答案。一定要提供你所提及的代码功能的示例（也许是你不完全了解其行为的代码示例，或者你认为应该起作用但不起作用的代码示例）但请确保这段代码是 MNWE（请参见上文），以便专家可以尽快了解导致你停滞不前的症结所在。

关于如何提出一个好问题的更多讨论，我推荐你阅读著名的聪明问题指南 *How to ask questions the smart way*（Raymond，2014）。

最后，有一个细节似乎被忽略了：

小提示

每当你发送代码给他人，或将代码发布到论坛时，都应该复制你的实际程序文本，而不是贴图！大多数人会在帮助你的过程中，尝试使用自己的工具运行你的代码或是他们修改后的版本：你需要允许他们复制和粘贴，而不是重新输入。

11.2.5　入门帮助

如果不是你编写的程序有问题，而是你不知道如何下手，该怎么办？这种情况

㊀ https://stackoverflow.com

下，当你想要询问他人时，你甚至不知道从何问起？这往往是初学者的困扰，有经验的程序员常常很难提供帮助，因为他们早已忘记自己也曾经有过这种感觉。积极的思考方式是，总有一天，这种感觉也将成为你的遥远记忆。

这时候，你该怎么做？或许你想重新阅读第3章，尤其是3.5节。但是，也许你觉得自己在小问题上已经得心应手，但是现在你面临更大挑战，又不知道该如何着手解决？

可以试着清除所有简单的内容：将你无法着手的部分尽量缩小。

小提示

当遇到你不了解的问题时，先解决任何你能理解的部分，然后再看。

——Robert A. Heinlein（Heinlein，1966）

一种相关的技巧是尝试创建一个更简单、更容易的问题版本，并通过解决新版本的问题来入手。

11.3 当老师让你困惑时怎么办

最后，谈一谈如何解决即使当前没有编程问题也感到困惑的情况。比如说，上完课后，感觉自己的理解程度还不如上课前，应该怎么办？

一如既往，首先要保持冷静。这并不意味着你无法编程或者你应该马上放弃。编程老师在尝试帮助你，但有时他们也会失败。但这意味着你需要采取某些行动。目前，和其他情况一样，要根据你困惑的程度来决定采取什么行动。

最常见的情况是，老师假设你已经理解了一些东西，但事实上你并没有。你知道那大概是什么原因吗？原因可能很明显，比如，你或许由于上周病假而缺了课，需要制定计划赶上进度。还有可能是因为你没有按时完成某些练习。因为学习编程就必须要动手编程，所以你不能把练习留到以后再做。

或许，老师一不留神，以为所有人都已经知道了一些其实没有教过的知识。这种情况下，你首先要做的就是问问身边的人，其他同学是否也在为相同的事情而感到疑惑？无论结果如何，你都会有所收获。如果你问的人并不疑惑，那么他们可能会帮助你；如果他们也疑惑，那么你就不是一个人在战斗。

小提示

不要默默承受。如果在做出上述尝试后，你依旧感到困惑，那么去请教你的老师吧！

每个人的学习方式各不相同，因此值得花一些时间来收集适合你的学习资料。也许是买一本别人推荐的教科书；或者你适合去图书馆或书店浏览，直到找到吸引你的东西；抑或尝试在线搜索教程材料。YouTube 也是解释性摘要的重要来源。例如，如果你对讲座中 Haskell 列表的理解感到困惑，可以搜索该列表并找到许多试图对其进行解释的视频。你可以尝试一些——如果一个视频无法让你弄清楚，就尝试下一个。找到一个好视频后，不妨看看它来自哪个频道，说不定值得你订阅。

通常，除了继续完成你的学习课程外，使用这些额外资源是很好的补充。例如，去听所有的讲座，哪怕你并不总是能听明白（即使已经录音）。至少，这将帮助你大致了解讲座所涵盖的内容——你可能会发现，在实践中遵循它们能让你进步更快。

第 12 章

如何在课程作业中取得好成绩

本章我们会将重点放到作为学生如何应试这个角度。这一章的主要目的不是使你成为一个更好的程序员；而是帮助你最大限度地提高课堂作业的分数，不管你当时的编程技能如何。但是，有一种方法还是可以帮助你成长为一名程序员。如果你确保获得与当前编程技能相对等的分数，那么所有的丢分项都应该与你尚未完全理解的东西相对应。这意味着你所获得的反馈应该有很好的针对性：你不会看到分数后就只觉得“哦，对，我知道了”，而是可以从中学习。此外，我注意到，作为一名教育工作者，我无法避免地在本章中落入“如何从课程中学习尽可能多的知识”这一窠臼。

12.1 七条黄金法则

1. 尽早开始。大多数事情所需要的完成时间比你想象的要长，而且还会有“等待”的时间。比如，某天晚上你需要向某位老师请教，但他要等到第二天下午才有空。

学生常常想知道他们是否可以提前开始作业——“我们已经准备好所有材料了吗？”解决这个问题最简单的办法就是询问。掌握课程材料也会有所帮助，因为在你遇到一些看起来不熟悉的内容时，它将帮助你确信这是还没学到的内容。

请记住，你仍然可以积极地查找课堂上还没教授的内容，这样做通常会很有帮助。

很多人喜欢在截止日期临近前“通宵达旦”，尤其是当你可以和其他很多人一起在实验室熬夜完成练习的时候；当大家完成练习后，你可能会感受到战友情谊，甚至一种狂喜的情绪。但这的的确确不是提高成绩或学习的好方法。当你非常疲倦时，你会犯错，并且你也无法将学习到的东西存储在长期记忆中。

2. 认真读题。我非常清楚这已经是老生常谈了。在编程任务中，它涉及多个方面。一方面，你需要记住一些要求，比如确保你知道是否、何时及如何提交作业，以及是否需要遵守什么规则，例如，哪些文件必须被调用。这些内容不仅适用于编程作业，还适用于任何课程。另一方面，在编程任务中，程序必须执行的细节至关重要。你不能只按照阅读本书的方式来阅读题目要求，你需要逐字逐句仔细阅读，并确保严格按照说明进行操作。

3. 请按照第 7 章中的所有建议测试程序，并确保测试的正确性。

4. 如果遇到你不理解的情况，也就是说你觉得问题模棱两可或含糊不清，那就用两种编程思路实现来让问题更具体。有时，当你尝试这样做时，你会发现实际上只有其中的一种是合理的。如果发生这种情况，就说明你已经解决了问题。如果你最终确实得到了两种看似同样合理的解释，你可以询问老师哪种是他们所期望的。向老师询问“你要 X 还是 Y？”要比询问“这是什么意思？”之类的问题更容易理解，并且获得的答案也更清晰。

5. 遵循第 8 章中的所有建议，以便获得尽可能多的分数。尤其是当分数很大一部分来自阅读代码的考官，而不是来自自动化测试时。任何从事阅卷评分的人都可能又忙又累，任何能让他们更容易看到答案正确的事情，都有可能会帮助你最大限度地提高自己的分数。

6. 不要作弊！ 即使你这次通过作弊侥幸逃脱（也许你并没有），你的学业也会受到很大影响，并让你今后处于更加糟糕的境地。

7. 按时交作业。

12.2 上机实验

我在这里所说的“上机实验”是指：相对较小、简单明了的编程练习，目的是帮助个人学习编程语言。通常，上机实验不需要太多的创造性：你必须完成的工作都有严格的规定，一旦你熟悉该语言，它就很简单。第一门编程课程通常包括一系列这样的练习，涵盖了该课程中编程语言的所有功能。它们可能会是学分的来源，也可能不是；并且可能提供、也可能没有提供模型解决方案。

我们从这些练习着手，是因为它们的特殊性：它们对学习非常有价值，即便练习本身并不那么吸引人，但它们能在任何考试中帮助你获得高分。

小提示

如果你没有这样一系列必须完成的练习，那就自己找一个。比如，选择一本包括许多小练习的编程语言教科书，然后进行练习。

原因很简单：除了自己动手编写程序以外，你无法通过阅读了解、看别人编程或是任何其他方式来学习编程。当然，这并不是说其他方式并不重要，但是它们是编程的补充，而不是替代方式。

除了遵循“七条黄金法则”之外，如何在这些练习中获得高分（如果有学分的话），同时又能最大限度地从中受益呢？

我建议最主要的是通过每个练习的完成程度，来跟踪自己的进度，如下所示：

1. 阅读问题并开始思考如何完成练习。

2. 编写一些代码。

3. 在某些情况下，它是正确的。

4. 根据自己的理解，它完全正确。

5. 我彻底理解了代码的每一行。

6. 根据自己的理解，我的代码是完美的。

你不必在每个练习中都达到第 6 级的程度，但越是深入，你学到的就越多。对每个练习都要记录一下你所达到的程度。

需要解释一下第 5 个级别。在学习编程语言时，总会有一些你并不完全理解的语言特性，这是很正常的情况。因此你可以进行一些尝试，这些特性有时会按你预期的那样工作，但有时不会。当它按预期工作时，你可以松一口气，继续进行下一个练习。不过，更好的是确保你理解它的工作原理，以及更改每段代码会导致什么结果，这样你就可以充满自信地向其他人解释。要达到这个水平，你可能还需要结合阅读针对你的语言的参考材料和实验来提高自身能力。

12.3　课程设计

课程设计是课程作业的一部分，它提供了更多的机会让你发挥自身的创造性：你可以在软件的功能和工作方式上有相当多的选择。

为了获得好成绩，首先要知道分数是如何分配以及分配标准是什么。比如，你是否需要编写报告、做演示并提交代码？是否允许或鼓励你查找和利用其他软件构建？你是否需要展示特定的技能或学习成果？

一旦你掌握了所有可用信息，你可能会因为信息太少而大失所望。任务的灵活度越高，讲师就越难客观地给出评分。矛盾的是，在这种情况下，如果你尽可能不去考虑分数，分数反而会更高，并且收获也最大。以你感兴趣的方式去完成项目，并尽全力投入其中。我建议你对应该花费的时间进行估算，然后明确地跟踪实际花掉的时间。这是因为开放式长期任务很难与时间紧迫的小型练习相平衡。有一个普遍现象——不知道什么原因，对于学生（以及我们所有人！）来说，没有迫在眉睫的最后期限的任务永远不会引起他们的重视。最后，避免将大量时间用在不是真正编程的事情上（例如，为应用程序设计图形界面），除非你足够喜欢它，并能将这段时间算作娱乐消遣，或者自己想要学习课程范围之外的技能。

12.4 团队合作

团队合作在编程课程作业中很常见，并且有很多形式。你可能被分配到一个团队中，或者允许你们自行分组；你可以自我组织或是由其他人管理；你可能需要（或不需要）这段经历进行反思。

对此我的主要建议是，对这样的练习持保留态度：因为和其他学生组成小组工作与在真正的软件开发环境下与同事协作几乎完全不同。特别是，你可能会讨厌前者，但却喜欢后者，所以，如果你讨厌以团队方式完成课程作业，也不用担心！

获得好成绩的关键是了解分数如何分配。个人的评分是否仅取决于共同开发的软件的质量？或者存在强制每个团队成员都做出贡献的某种机制？例如，有时可能会要求你估算每个团队成员投入的贡献，结果可能会影响分数的分配。比如：

学生团队经常发现有一个或两个成员比其他成员强得多（无论是在技能上还是在敬业精神上），因此最大限度地提高所编写软件的质量的方法是让他们能够承担起整个团队，编写或重写全部或大部分软件——这种情况对于每个人来说都很难处理。如果你是较强的团队成员，则需要确定除了“应缴份额”之外你还愿意多做哪些事情。如果你能如实说，你帮队友完成作业对他们的分数没有帮助，那是最好的。如果这种情况下你是较弱的团队成员，请记住将目光看得长远些，这一点很重要：你不仅希望在这次练习中获得好成绩，还希望提高自己的技能。因此，即使有团队成员可以更快更好地编写代码，也请确保你自己能大量地参与其中。

为了每个人的利益，团队应该尽量确保成员之间互相教授解决问题的方法，而不只是将问题解决掉即可。这样可以随时帮助被教导的成员，也可以让教导他人的团队成员从中获得更大帮助。俗话说“最好的学习方法就是教会他人”，这虽然是老生常谈，但却是绝对正确的。更普遍地说，团队中友好合作的互动可以帮助你提高你的人际交往能力，这也是这类练习的重点之一。

12.5　演示

在完成练习的过程中，你可能需要演示代码的工作原理，并与他人讨论。这可能会很有趣，特别是当你做出了一些令自己引以为豪的决定时：你将有机会引起考官注意，让他们看到那些可能会被忽略的事情。它还能为你提供一个很好的机会，让你可以对任何内容提出具体的反馈。

如果不是非要完成一份书面作品，很难说服自己花时间准备演示的必要性。为了获得流畅的体验，请检查以下内容：

1. 演示的时间和地点？

2. 哪些人需要到场？比如：如果是团队项目，团队中的所有人都需要去？还是只需要一个人去演示？

3. 有人告知你有关时间和形式的信息吗？比如：如果你必须预先计划演示，演示时间必须多长？涵盖什么内容？

4. 你使用的计算机和软件环境与以前使用的相同吗？“魔鬼存在于细节之中”——如果有任何差异，请尽可能在演示环境上进行练习。比如：演示环境可能没有安装你常用的IDE。

5. 如果必须将便携式计算机连接到数据投影仪上，你知道如何成功完成此操作吗？比如，如果你需要特殊的适配器，你有准备吗？

6. 是否会对演示本身（与你所要演示的程序相对）进行评估，如果会，你对标准了解多少？

请注意，要求学生演示他们的代码工作，部分原因是为了检验学生是否诚实地编写了代码：基本的假设是，如果（只有当）他们是自己写了代码，就能够解释清楚代码是如何工作的。这一点是值得商榷的——但无论如何，确定你了解你的代码是如何工作的是一件好事！

事先对其他人（例如同学）练习演示是一个很好的主意。许多人发现项目演示令人神经紧张，而练习是放松紧张神经的最佳方法。在练习过程中，你也许会发现一些需要改进的小问题；比方说，如果你尝试向他人解释你的代码，你很可能会注意到代码中写得不够清晰的地方。

小提示

永远不要认为在最后一刻所做的更改“不可能导致任何不同”。如果你更改了程序的任何内容，请再次运行演示，以检查一切是否仍然可以按照你的预期进行。

12.6 反思写作

如果老师要求你写出自己的编程经验，你可能会感到惊讶，但这种情况经常发生。至于演示，其原因之一是授课老师担心你提交的代码不是真的由你本人编写。他们认为，通过让你写出相关体验，可以降低你直接抄袭或购买代码的风险。不要对此愤愤不平，这种写作练习的目的也是通过反思并明确所有经验教训，来帮助你巩固从编程中学到的知识。

当然，你的文章必须遵循说明中要求的所有内容。不过，通常情况下，至少考官会关注下面这三条：

- 一些非常具体的内容，可以关联到你的代码，但不能关联到其他人的代码。因此，请在提及代码结构元素时用具体的名字，并说明为什么要采用这种方式来组织代码。
- 一些证据表明你“知其然，知其所以然”。所以，谈一谈你学到了什么！比如，描述你遇到的问题、解决的方式，以及你现在所了解的内容将帮助你不再遇到相同的问题。

- 清晰的书写——不仅因为清晰的书写更容易使考官看懂，还因为清晰的书写能力是一项关键“可移植技能”，而这可能是整个课程试图让你掌握的技能。你不需要写出一部鸿篇巨制，但在提交作品之前，一定要大声朗读你的作品（最好是对着别人读），以检查它的意思是否准确，有没有漏掉什么字眼（这是非常容易做到的）。记得还要运行拼写检查程序。

人们体验反思性写作的方式有所不同。如果你发现它确实可以帮助你巩固所学知识，请记住这一点。在这种情况下，你会愿意定期做一些反思性的写作，即使在没有硬性要求时也这样做。有些人喜欢坚持写这类“学习日记”；还有的人宁愿去冰河里划船，也不愿写这样的东西。如人饮水，冷暖自知！

第 13 章

如何在编程考试中取得好成绩

与第 12 章一样，本章的重点是如何在当前的能力状态下最大限度地提高分数。这一章特别适合在考试前一两天再重温一遍。

“编程考试”可能是传统的纸笔考试，你必须在卷面上写代码；也可能是在考试状态下，在计算机上写程序。就我个人而言，我很不喜欢前者，因为那种感觉太不自然了，但是计算机编程考试是很难组织的，所以你可能还是会遇到书面性质的编程考试。延伸一点，它甚至可以说是测试你编程知识的选择题考试。

尽管无论考试如何进行，学习编程的基本任务都是一样的，但是对考核方式有具体的了解可以帮助你以一种容易理解的方式组织所学的知识，并且最大限度地提高成绩。不管是哪种类型的考试，你需要做的准备工作大部分都是一样的，但本章还将对每种考试提供一些具体的指导。

13.1　准备考试

在考试之前，你需要做好两件事：了解所有要考核的内容，然后练习。你所在的机构之前使用过的类似考试的试卷是做好这两件事的重要工具。如果过去的试卷较多，你可以用一份最近的试卷来了解考核的内容，然后再用另一份试卷来练习。

13.1.1　了解考核内容

首先，尽早找到一份过去的试卷，不用细读，先做一个大致的了解。试卷有多少题目？问的是什么样的问题？考试规则是什么（比如，你有哪些问题可以选择）？多少分及格？除了满分，多少分能让你个人觉得满意？你需要把试卷做得多完美，才能达到这个分数？

接下来，详细看看试卷提问的风格。试卷中是有很多简短的问题，还是只有一两个长问题？你是需要写出整个程序，还是程序片段？是否有问题要求你使用特定的编程语言功能，比如递归？在这种情况下，要确保你没有养成“逃避”你不理解的东西进行编程的习惯。在现实生活中，即使你避开使用某种语言中你不喜欢的那些功能，你也很有可能成为这种语言的（相当）高效的程序员；但在这里，你需要努力最大限度地提高你的分数。

如果可以的话，你准备带什么东西进考场？考试的形式多种多样，有完全“闭卷式”的考试（什么参考资料都不能带进场），也有折中情况（仅允许带一本干净的课本），还有完全“开卷式”的考试（可以带任何需要用到的纸质资料），甚至某些考试（比如上机考试）可能允许带U盘进场。如果允许带参考资料进考场，想想哪些东西会有用。

在考试中进行提问需要遵守什么规则吗？如果你认为某个问题不够清楚，是否有办法要求解释说明？（在我工作的地方，可以要求监考老师联系考试的出题人，对问题进行澄清，但我建议学生不要这样做，除非他们真的必须获得更多信息才能继续答题。尤其是，如果考场内的其他人都对此并没有疑问，你也许更应该仔细阅读试卷并回答自己的试题，这样可以节省时间、缓解压力！）

最后，说一个最基本的问题：真正的试卷与以往的试卷会有多大的相似度？在你所在的机构，这次考试的命题人是否有很大的自由度来决定设置不同风格的试卷，或者说是否可以肯定这次的试卷风格与你以往所见过的试卷风格非常相似？

13.1.2 用以前的试卷练手

原则上，当你已经（几乎）掌握了所有将要考核的知识时，做一份过去的试卷是一个不错的选择。你可能找不到太多有代表性的试卷可供使用（编程课程，乃至编程语言，往往会随着时间的推移而迅速变化），所以充分利用好这些试卷是很重要的。例如，尝试在考试条件下做一份试卷之前，不要先阅读所有可用的试卷，因为这会是一种浪费，让自己失去了在时间压力下练习做一份不熟悉的试卷的机会。

小提示

尽管这很吓人，你可能清楚地知道自己不会做得很好，但还是应该在实际的考试条件下做一份过去的试卷。

如果你觉得这份试卷很简单，那很好；如果你觉得这样答卷非常困难，那也很好——它可以给你提供很多有用的信息。是时间不够用？还是有不会回答的题目？对于这些不会回答的题目，哪些部分你可以回答？你被卡在哪里了？如果你仔细思考这些问题，你就能很好地安排剩下的工作。对于比较具体的科目，比如编程，在考试中经常会卡在小问题上。所以，在练习中找出这些小问题并解决它们真的非常有必要。

之前的试卷可能有模型解决方案或考官笔记。这些可能会有帮助，但在你自己尝试完成这份试卷之前，千万不要去看它们。因为你很容易把“我能读懂模型解决方案”误认为“我可以写出模型解决方案”。你需要能够写出好的代码，而不仅仅是读懂它！

小提示

第一个原则是，绝不要欺骗自己——自己是最容易被欺骗的人。

——Richard Feynman（Feynman，1974）

13.1.3　考试规划

如果是开卷考试，就需要计划好要带什么。（也许要带上这本书！）无论你带了什么，都要确保自己对所带的东西了如指掌——现在不是尝试使用你不熟悉的东西的好时机。不要带太多东西，在紧张地答题的时候，要避免拿着太多的纸张瞎折腾。

问问自己：什么东西你总是记不住？如果可以的话，列一张提醒清单，然后带在身上，或者把它背下来。

牢记你收集到的有关考试的信息，并制定一个策略，来决定自己是否应该尽快完成答卷。至少将卷子上所有题目都写满，或者最好是一丝不苟地认真完成部分试卷，即使代价是没法做完所有题目。通常情况下，后者会是更好的策略，但有的时候也不一定。

13.2　考试中

当你第一次打开试卷时，先快速地阅读一遍，以确认没有任何内容与你所预计的有太大不同。（如果有显著不同，而且你并没有走错考场，那么提醒自己，其他人可能和你一样震惊。既然你已经对编写好程序相当熟练了，就没有理由不去坦然应对。）

正如第12章中所讨论的那样，仔细阅读试题是非常重要的。在考试中要做到这一点也许会比较困难，因为你很可能会感到很大的压力，并且你可能没有机会非正式地要求澄清一些问题。

无论是书面考试还是上机考试，写出清晰的代码都很重要——但每种情况下的原因都不一样，我们将在后面进行说明。

13.3 书面考试的具体要点

如果你要进行一个书面的编程考试，请确保（如果有必要，可以提前询问）你了解评分标准。比如，是必须把语法写得完全正确，还是只需要写出足够接近标准答案的内容，让考官相信你有正确的思路？

从考官和阅卷人的角度看问题。给写在纸上的代码打分是相当痛苦的。他们会在你的代码中寻找一些能够快速识别的东西——没有人愿意面对一大堆脚本，在脑海中模拟一个复杂的程序！如何使他们更容易、更迅速地识别出你的代码是正确的？

Hoare 构建软件设计的两种方法

Tony Hoare 在他的文章“The Emperor's Old Clothes”中有一句名言：“构建软件设计有两种方法。一种是使其简单到没有明显的缺陷，另一种是使其复杂到没有明显的缺陷。”确实如此，尤其是在书面的编程考试中，你应该使用前一种（更难的）方法。

13.4 上机考试的具体要点

在计算机上编写代码比在纸上写代码要更自然，但是在计算机上的编程考试仍然可能会有一些人为的限制，与你之前遇到的任何情况都不一样。

这种编程考试通常不同于课程作业，因为它们必须非常快速、可靠地进行大量的评分。它们极有可能通过自动化测试来进行评分，至少部分是这样。你需要确认的内容包括：

- 你将处于什么样的计算环境中？你会被要求在自己的笔记本电脑上进行考试吗（也许你需要安装一些特殊的软件）？你要在实验室的计算机上考试吗？你可以使用哪些工具？你将如何提交你的答题结果？
- 考试中你大概不可以访问互联网，但是否会向你提供任何库或文档？
- 基本的评分标准是什么？例如，如果你提交的代码没有正确编译，它是会被自动归为零分（因为无法在它上面运行自动测试）还是会有人工打分员进行查看并给一些分数？

在考试中，一定要保持代码清晰。尽管你的压力很大，比平时更容易犯错，但不要因为糟糕的缩进或选择错误的变量名而招致错误。即使你的试题答案将完全由计算机来打分，确保代码的良好可读性也将有助于你检查、调试和尝试改进代码。你有时间这样做：只要你事先练习过这些技巧，它们就不会拖你的后腿。

即使非编译代码也可以得到一些分数，也要确保你的代码编译无误！如果你在IDE上编程，就可以利用它提供的关于代码中问题的任何信息。

测试你的答案。如果给你测试的条件，先用这些。使用试卷中的任何例子。然后，按照第7章的提示，挑选最有可能暴露问题的输入，创建自己的额外示例。根据使用的语言、环境和专业知识，可以编写自动测试，也可以只在示例上手动运行你的程序。

13.5 选择题考试

由于实际编写程序的考试在评分上相当棘手，你可能会发现它正在被选择题考试所替代。这些问题可能是很直接的，考察你在另一种考试中会用到的相同的技能；或者，它们可能旨在考察你是否了解语言中那些容易被忽略的知识。不要以为多项选择题很简单：多项选择题考试也有可能设置成任意难度！如果你有过去的试卷，可以试着做一下。了解清楚考试对错误答案的评分标准是什么——是否会倒扣分？如果会，你不应该胡乱猜测答案。但即便不会倒扣分，你也不应该随便猜测。

小提示

尝试给自己设置问题。更好的方法是和一群朋友一起做，彼此交换问题、讨论答案。你会深入了解可以出什么题目，以及哪些你明白了、哪些你不明白。

第 14 章

如何选择编程语言

如果你是一名学生（或者，你其实是一位教师），你通常对于在所钻研的课程中使用哪种编程语言没有什么选择。现在，我希望你已经获得了一些技巧来掌握规定的语言，无论它是哪种。

但是，如果你确实可以选择在课程中使用哪种语言，或者可以选择下一步要学习哪种编程语言呢？很多因素可能会影响你的决定：从你想写的程序的性质，到你自己的心态。

14.1 需要考虑的问题

你是只为自己选择？还是与别人一起写程序，或者是别人将来要维护的程序？如果是后者，你可能需要考虑到其他人的需求和喜好。

任务是什么？每种语言都比其他语言更适合某一些任务。但实际上，这并不像你想象的那样重要。你可能考虑的所有语言都是图灵完备的，所以原则上，你可以用任何你喜欢的语言去编写程序。然而，根据可用的工具和库，有些语言可能比其他语言更实用。如果你能用几个词来描述相关任务的一般领域（比如“数据分析”或“VR 游戏”），那么为了获得一些可以考虑的语言的思路，你可能会搜索以下内容：

 编程语言 + 你的任务

术语：图灵机

1936 年，Alan Turing 描述了一个简单的计算机数学模型。为了纪念他，我们现在将其称为图灵机。**图灵可计算函数**就是可以用这样的机器来表达的数学函数（从输入到输出的映射）。你可能希望，对编程语言的选择会对你能表达哪些函数产生重要影响。值得注意的是，事实证明并非如此。虽然编程语言在可以方便表达的内容上有所不同，但原则上，现代编程语言的表达能力并不比非常早的语言强，甚至并不比图灵机更强。我们把任何一种可以用图灵机编程的语言称为**图灵完备**。

你已经了解了哪些语言？这个因素可以以任何方式起作用。你可能更喜欢使用你已经熟悉的语言，即使它不太适合这个任务，这样的好处是你就可以专注于任务的其他方面，而不必费心费力地让计算机听你指挥。然而，使用一种对你来说不熟悉的语言可能会更有趣，而且（特别是在你编程生涯的早期）借此机会扩大你的语言范围可能更为明智。编写一个你想写的程序是培养语言流畅性的最好方法。当然，这要比你用已经熟练的语言来做要花更长的时间，但在这个过程中你可能会学到更多的东西。

程序需要保持运行多长时间？如果它必须保持很多年，你可能更喜欢使用久经验证的语言，比如 Java，它在保持向后兼容性方面享有盛誉；而不适合使用快速变化的语言，在这种语言中，旧的程序如果要与最新版本的语言一起工作，就必须经

常进行更改，比如 Haskell[⊖]。注意，你并不总是知道你的程序会保持运行多久。如果它被证明是有用的，它的运行时间可能会比你预期的时间长得多！

> **小故事**
>
> 我曾经写过一个程序，打算只使用几个月。那是在20世纪90年代初，我和我当时工作的公司的同事们一起，刚刚接受了一个培训，学习如何确保我们的代码在2000年之后仍然可以使用——也就是如何使它“符合Y2K标准”。为了好玩，我让我的代码确定符合Y2K标准，并添加了一个注释，尽管我并没有期望它在2000年后仍能使用。许多年后，我早已离开那个公司，偶然遇到了一个在那里工作的人，她是在我离开后入职的。她知道我的名字，因为她曾在一个程序中看到过。你应该已经猜到了——就是那个程序，在我以为它已经退役多年以后，它还在使用。

你打算分发这个程序吗？如果你希望其他人能够编译或运行你的程序，你需要注意这对他们来说有没有什么困难。他们需要什么编译器、运行时软件、库等？他们有多大可能已经安装了必要的东西？你是否需要提供说明？是否存在其他的依赖性或约束性条件？例如，你假设这些人将使用什么操作系统？

你需要什么样的库或组件？例如，你的程序是需要图形用户界面（GUI），还是使用数据库？检查是否有优质、合适的软件能与你的语言进行良好的交互。例如，如果你希望你的程序有一个GUI，请搜索：

> GUI + 你的编程语言

要非常谨慎：有时你可能会找到一个库，但它已经过时、记录不全或者很难使用。除非你真的想要寻求自我能力的挑战，否则在使用考虑的软件之前，你应该先看到有证据证明目前很多人也在使用它。

⊖ 严格来说，Haskell 的官方语言一直非常稳定；经常变化的是常用的 Glasgow Haskell 编译器。

什么样的错误是最需要防范的？这个问题以及它的含义，比其他一些问题更难理解，但值得我们思考。例如，如果你的程序将操作复杂的数据结构，你可能会发现静态类型检查的安全性很重要。另一方面，如果你的程序会涉及在命令行上频繁变化的交互和大量的文件处理，那么对你来说，你的语言是否具有方便的操作系统交互和字符串操作功能可能更为重要。

14.2 你可能遇到的几种语言

这里列出了一些语言，你应当专注于在大学学习中最有可能需要学习的语言。也许，你可以挑战一下自己，每种语言都学一学？

然而，任何这样的清单都必然是不完整的，也是有争议的。如果你遇到了一种感兴趣的语言，不要因为它不在这个清单里就不去学习它！

- **C 语言**是一种低级语言，从某种意义上说它更“贴近机器”，因为每台计算机都有一个 C 编译器。如果想了解程序究竟是如何工作的，它可能是一个不错的选择；例如，通过学习指针运算，可以让你更深入地理解数据是如何存储在计算机内存中。C 语言仍然是嵌入式系统的流行语言。如果你对硬件感兴趣，很可能需要学习它。
- **C++** 在 C 语言的基础上增加了面向对象的功能，它比 Java 更难编写，但即使在今天，它的效率也更高。如果 C++ 正是适合你的语言，你可能不需要我解释为什么会这样。
- **Fortran 语言**可以追溯到 20 世纪 50 年代，现在被认为是一种过时的语言。然而，它仍然被广泛应用于科学计算。
- **Haskell** 是最成熟的函数式语言之一。它有一个强大的静态类型系统，可以帮助你避免许多类型的错误。它是许多编程语言理论专家的首选语言。这其中有优点也有缺点：优点是学习 Haskell 可以让你获得许多高级功能和一系列可供利用的研究成果；而缺点是，简单的问题可能很难得到简单的答案，而且编译器和库的变化往往非常迅速而且不可预测。

- Java 是一种应用非常广泛、稳定的语言，拥有工具、书籍、教程等的良好支持。它特别适用于企业系统，即支持复杂组织的业务流程的系统。它可能会很冗长。
- JavaScript 是 Web 应用程序的自然选择，拥有大量的框架和库，因此学习 JavaScript 的过程可以说更多的是学习它的一些框架。JavaScript 是动态类型的，但如果这对你来说是个问题，你可能需要考虑 TypeScript，它本质上是 JavaScript 的静态类型变体，它可以编译成 JavaScript。请注意，"JavaScript"中的"Java"基本上是出于历史性的营销原因：当 JavaScript 在 1995 年问世时，Java 是全新的，也是时尚的。这两种语言有很大的不同。
- MATLAB 是一种数值计算语言，被科学家和工程师广泛使用。与这个列表中的大多数语言不同，它没有开源的实现。
- Perl 代表着实用的提取和报告语言，或者说是兼收并蓄的垃圾桶。Perl 的座右铭是："成功不止有一种方法。"一旦你熟悉了这门语言，它对许多任务都非常方便，特别是那些涉及与操作系统交互和操作字符串的任务。但要追踪 Perl 程序中的 bug 可能会很困难。我喜欢 Perl（这也是它出现在这个列表中的真正原因：它通常并不是作为第一门编程语言来教授的，尽管你可能会在任何地方偶然遇到它），但我发现很难说服你现在就学习它，除非你要维护现有的 Perl 代码，否则至少要考虑用 Python 来代替。
- PHP 是一种脚本语言，广泛用于 Web 开发（尤其是服务器端脚本）。它很容易入门，并且在必须涵盖很多内容的网络应用课程中很受欢迎。作为一种语言，它以倾向于鼓励编写不可维护的、不安全的代码而闻名——但这可能有点不公平，特别是该语言的最新版本已经有所改进。
- Prolog 是一种很早的语言，随着人工智能的蓬勃发展，它正在复兴。它有与 Haskell 这样的函数式语言相类似的模式匹配，但在其他方面感觉与这个列表中的任何其他语言都完全不同：它被描述为一种逻辑编程语言，其基本思想是对一些事实进行编码，然后对他们提出问题。

- Python 从某种程度上来说是最受欢迎的编程语言。在语言生态系统中这曾经是 Perl 所拥有的地位，我仍然为 Python 的后来居上而愤愤不平，因为 Perl 是我一直以来最喜欢的语言之一。但不可否认，Python 与 Perl 相比有许多优势。也许，要总结两者之间区别，最简单的方法是借用“Python 之禅”[1]中所包含的一个原则来点明：“肯定有一种（通常也是唯一一种）最佳的解决方案。”[2]

  Python 非常容易上手，非常流行，是一种很好的通用语言。它不是静态类型的，这意味着如果你的程序变得庞大而复杂，你可能会后悔。它是数据科学和机器学习的流行语言，并且有很好的处理字符串的工具。它的流行意味着有库和框架来处理所有的事情。Python 第 2 版和第 3 版之间有很大的差异，所以请确保你清楚应该使用哪个版本。
- R 是一种对数据进行统计的语言。它提供了方便的作图和分析工具。与有时也会被用来完成同样任务的 MATLAB 不同，R 是一种开源语言。
- Racket/Scheme 广泛应用于教学语言，但在商业上并不那么流行，Scheme 是 Lisp 家族的一种函数语言。Racket 原本是 Scheme 的一个版本的重命名，现在更加流行了。它具有极简主义的语言设计理念，如果你对编程语言的工作原理感兴趣，它是一种很好的学习语言。

由于这些语言的应用都很广泛，而且大部分语言经常作为初学者的第一门编程语言，所以它们都有很好的教材。放心尝试吧！

14.3 语言环境的变化

上一节中的所有语言都可以追溯到 20 世纪。但是，新的编程语言一直在被发

[1] www.python.org/dev/peps/pep-0020/

[2] 虽然这并不容易，因为你不是 Python 之父（这里的 Dutch 是指 Guido van Rossum）。

明，同时我还会提到很多其他的早期语言。你可能会想搜索：

编程语言 + 今年

当然，也要留意那些你感兴趣的人和组织所使用的语言的信息。TIOBE 指数[1]试图对编程语言的流行程度进行定期更新总结——但不出所料，它的方法受到了质疑。

最重要的是，你要知道，如果你打算从事与编程相关的职业，首先学习的语言不太可能是你一生中使用最多的语言。学会用第一语言编写好程序是非常重要的，但同样重要的是让自己走上用尚未发明的语言编好程序的道路。想做到这一点，就要养成一个习惯，仔细思考编程过程中的决策及其原因。

[1] www.tiobe.com/tiobe-index/

第 15 章

如何超越本书

本书针对的是参与早期编程课程的学生与老师，希望它能有所帮助。当你彻底吸收了它的内容后，接下来该怎么办呢？

15.1 编写更多程序

当然，你可以直接编写一个你觉得有趣的程序。如果你想让练习更有条理，可以考虑这样做：

- 在线编码挑战和竞赛，例如在 HackerRank[⊖]上可以找到的那些挑战和竞赛——这些都有多种语言版本可供选择，你可以参加竞赛，也可以只是为了好玩。
- 参与外联活动，例如帮助学校里的孩子举办一个编程俱乐部——必须向孩子

⊖ www.hackerrank.com

把问题解释清楚，这对自己加深理解也是非常有益的。

- 参加黑客马拉松（hackathon，一种通常由大型雇主或大学社团组织的、密集的团体编程活动）与讲座等。
- 参与开源项目：欢迎新加入者的项目，通常会有一个论坛、参与页面或类似的内容来帮助你入门，UpForGrabs[㊀]网站上整理了这些项目的链接。

本章的其余部分是关于参考书籍的。如果你能进入大学图书馆，你可以在那里找到大部分图书。

15.2　特定的编程语言

在阅读本书的同时，你可能还在使用关于你所选择的编程语言的入门书籍。大多数书籍都是从最基础的部分开始介绍相关语言，并且包括一些关于如何用这种特定语言编写好程序的材料。每种流行的语言都有很多这样的书，我不打算推荐具体哪一本。事实上，正因为有很多，通常你会发现自己对书籍风格的喜好很容易满足。有些人喜欢短小精悍的书，每个概念只解释一遍。另一些人则更喜欢讨论性的书，这些书会探讨重要的主题，并包含大量的练习。浏览、阅读评论、征求建议，然后选择你最喜欢的书籍。

关于如何成为某种语言的优秀程序员的书比较少。有一本是 Joshua Bloch 所著的《Effective Java》[㊁]。当理解了 Java 的基础知识后，它会非常有用。

15.3　一般编程

有大量针对专业程序员的书籍，现在可能对你有用。下面是我最喜欢的几本。

《代码整洁之道》(*Clean Code: A Handbook of Agile Software Craftsmanship*)，作

㊀ https://up-for-grabs.net/

㊁ 本书中文版已由机械工业出版社引进出版，ISBN 为 978-7-111-61272-8。——编辑注

者是 Robert C. Martin，人称“鲍勃叔叔”。作为一名顾问，他在网上也有很多资料，你可以搜索一下。

Andrew Hunt 和 David Thomas 合著的《程序员修炼之道》（*The Pragmatic Programmer*）一书中也包含了很多有用的内容。它的副书名“From Journeyman to Master”很好地表明了它的目标读者——你应该已经是一个有一定能力的程序员了，这样才能从该书中学到很多知识——然而，应该注意的是，并不是只有男性才能掌握编程！我相信正是该书的第 1 版将本书第 10 章中提到的“Kata”一词引入了编程。

另一本针对有经验的程序员的畅销书籍是 Steve McConnell 的《代码大全》（*Code Complete*）。

颇为不同的是 Andy Oram 和 Greg Wilson 编辑的合集《代码之美》（*Beautiful Code: Leading Programmers Explain How They Think*）。这些文章采取了各种不同的方法来对观点进行概述，你一定会发现其中一些文章发人深省。

Jon Bentley 的经典著作《编程珠玑》(*Programming Pearls*) 和《编程珠玑（续）》（*More Programming Pearls*）有点太注重算法，虽然现在已经过时了。你可能会喜欢 Gayle McDowell 的《程序员面试金典》（*Cracking the Coding Interview*），书中那些具有挑战性的编程小问题会让你深受裨益，即使你并没有在准备面试。

15.4 软件工程

“软件工程”这个术语，用来描述所有有助于确保我们拥有满足各种需求的软件过程和技能。这个词很可能是由 Margaret Hamilton 创造的，她在 20 世纪 60 年代初领导一个团队为阿波罗 11 号太空任务开发软件。1968 年和 1969 年，北约软件工程会议的标题中使用了这个词，从而使这个词得到普及。这个词会让人联想到软件是以数学为基础，以系统、可靠的方式构建的。开发软件的人将成为工程师，其内涵是他们接受过某种严格的教育，还可能会获得专业证书。然而，愿望往往都是大于现实的——软件的软性意味着，人们在没有接受这类教育的情况下也能开发软件。尽管如此，毫无疑问我们需要的是设计良好的软件，而实现这一目标的一个重要步骤就是了解如何编写好的程序，这一点在本书和上一节中提到的那些参考书籍里都有提到。

除了编程之外，软件工程还涉及许多其他活动。有很多领域都在研究如何管理系统的需求，包括协调不同人的需求之间的冲突；如何确定你已经做了足够的测试，以确保系统是正确的；特别是，如何设计系统，以便在周围世界发生变化的时候能够保持它的有用性。变化是软件工程之所以困难的根源。我们在第 10 章中提到过，你应该尽量把那些会同时发生改变的东西放在程序中。这个理念在设计模式领域已经上升为一种艺术形式，有一本经典的著作，名为《设计模式》（Gamma 等人，1994）。

为了清晰地思考设计，我们需要一种方法来表示我们需要关注的信息，同时忽略系统中其他所有无关信息。例如，在思考一个面向对象系统的设计结构时，我们可以使用一个图表来显示系统中的类以及它们之间的关系，但忽略关于类中的方法的所有细节。同样的道理也适用于软件开发的许多其他重要方面：为了思考一个方面，我们需要一种表示方法，它可以显示我们需要的信息，同时忽略我们不需要的信息。这样的表示方法叫作模型。

术语：模型

模型是系统某些方面的抽象的、通常是图形化的表示。

模型的使用日渐增多，我认为它在未来的几十年里将会变得更加重要。我的第一本书 *Using UML* 就是关于统一建模语言的，现在它作为一种描述系统设计的图表式方法已经无处不在。然而，这种语言很复杂，也许会让人感到沮丧。建模的未来似乎会涉及使用更多、更简单的建模语言，这些语言可能是图表式的，也可能是文本式的，再加上自动处理它们的工具，而不是像编译器处理程序那样。在过去的几年里，关于这种模型驱动工程的书籍层出不穷。我最喜欢的一本是 Marco Brambilla 等人的 *Model-Driven Software Engineering in Practice*。

在编程课程中，你通常会看到明确描述的需求，这些需求不会随着开发程序而改变。如果你与其他人一起在团队中工作，那么在很短的时间内，它可能是一个小团队。而在现实的软件开发中，需求是很难确定的，而且还会随着时间的推移而变化。大型的软件系统往往需要一个由不同技能的人组成的非常庞大的团队。管理这一切是许多关于软件过程的书籍的主题。在比较早的阶段阅读两本经典著作是很有意义的，那就是 Fred Brooks 的《人月神话》(*The Mythical Man-Month*)——这本书提出了一个著名的观点：向进度落后的项目中增加人手，只会使得项目更加落后；以及 Tom DeMarco 和 Timothy Lister 的《人件》(*Peopleware*)，这本书以高度的可读性，讨论了参与软件开发中人的特性的重要性。最后，你可能还会喜欢这本引发敏捷革命的书，Kent Beck 的《解析极限编程：拥抱变化》(*Extreme Programming Explained: Embrace Change*)。

15.5 编程语言理论

到目前为止，我们所讨论的各类书籍其实都是对比语言，讨论它们的设计和特性。这是一个引人入胜的话题，了解关于它的知识可以帮助你成为更好的程序员。此外，你可能会在某一天发现自己正在设计一门语言——特定领域的语言正变得越来越普遍，所以更多的程序员会发现自己参与了语言设计，至少是简单语言的设计。

你可以从 Shriram Krishnamurthi 的 *Programming Languages: Application and Interpretation* 一书中找到很好的起点。通过细致指导你编写语言的解释器，它可以帮助你理解语言设计中的许多选择要点。

随着学习的深入，高级的编程语言理论书籍开始变得对你有帮助。其中最著名的一本书是 Benjamin Pierce 的《类型与程序设计语言》(*Types and Programming*

Languages）。如果你对数学有兴趣，并且想了解类型系统，这本书非常值得一读。我最喜欢的另一本是 Glynn Winskel 的《程序设计语言的形式语义》（*Formal Semantics of Programming Languages*）。不过，这类书籍可能是非常具有挑战性的，所以你在购买之前，一定要先去图书馆或书店浏览一下，以确保了解自己的兴趣所在。

参考文献

Brambilla, Marco, Jordi Cabot, and Manuel Wimmer. *Model-Driven Software Engineering in Practice*. Morgan and Claypool, 2017.

Beck, Kent. *Extreme Programming Explained: Embrace Change*. Addison-Wesley, 1999.

Bentley, Jon. *More Programming Pearls* , Facsimile edition. Addison-Wesley Professional, 1988.

Bentley, Jon. *Programming Pearls*, 2nd edn. Dorling Kindersley, 2006.

Bloch, Joshua. *Effective Java*. Addison-Wesley Professional, 2017.

Brooks, Frederick P. Jr. *The Mythical Man-Month: Essays on Software Engineering*, Anniversary edition. Addison Wesley, 1995.

Christiansen, Tom, Brian D. Foy, Larry Wall, and Jon Orwant. *Programming Perl*, 4th edn. O'Reilly Media, 2012.

Corbyn, Zoë. Interview: Margaret Hamilton: "They worried that the men might rebel. They didn't". *The Guardian*, July 2019. www.theguardian.com/technology/2019/jul/13/margaret-hamilton-computer-scientist-interview-software-apollo-missions-1969-moon-landing-nasa-women.

Dijkstra, Edsger W. *Notes on Structured Programming*, Technical report 70-WSK-03, 2nd edn, April 1970. www.cs.utexas.edu/users/EWD/ewd02xx/EWD249.PDF.

DeMarco, Tom and Timothy Lister. *Peopleware: Productive Projects and Teams*. Addison-Wesley, 2016.

Feynman, Richard P. Cargo cult science. *Engineering and Science*, 37(7), June 1974. http://calteches.library.caltech.edu/51/2/CargoCult.htm. Caltech's 1974 commencement address.

Fowler, Martin. *Refactoring: Improving the Design of Existing Code*. Addison-Wesley, 1999.

Gamma, Erich, Richard Helm, Ralph Johnson, and John Vlissides. *Design Patterns: Elements of Reusable Object-Oriented Software*. Addison-Wesley, 1994.

Heinlein, Robert A. *The Moon Is a Harsh Mistress*. G. P. Putnam's Sons, 1966.
Hoare, Tony. The emperor's old clothes. *Communications of the ACM*, 24(2):75–83, February 1981.
Hunt, Andrew and David Thomas. *The Pragmatic Programmer*. Addison-Wesley, 1999.
Knuth, Don. Notes on the van Emde Boas construction of priority deques: An instructive use of recursion, March 1977. Available via https://staff.fnwi.uva.nl/p.vanemdeboas/knuthnote.pdf.
Krishnamurthi, Shriram. *Programming Languages: Application and Interpretation*, 2nd edn. http://cs.brown.edu/courses/cs173/2012/book/, 2017.
Martin, Robert C. *Clean Code: A Handbook of Agile Software Craftsmanship*. Prentice Hall, 2008.
McConnell, Steve. *Code Complete*. Microsoft Press, 2004.
McDowell, Gayle Laakmann. *Cracking the Coding Interview*. CareerCup, 2015.
Oram, Andy and Greg Wilson, editors. *Beautiful Code: Leading Programmers Explain How They Think*. O'Reilly Media, 2007.
Pierce, Benjamin C. *Types and Programming Languages*. MIT Press, 2002.
Rainsberger, J. B. Putting an age-old battle to rest, December 2013. https://blog.thecodewhisperer.com/permalink/putting-an-age-old-battle-to-rest.
Raymond, Eric S. How to ask questions the smart way, 2014. www.catb.org/esr/faqs/smart-questions.html.
Stevens, Perdita and Rob Pooley. *Using UML: Software Engineering with Objects and Components*. Addison-Wesley, 2005.
van Rossum, Guido, Barry Warsaw, and Nick Coghlan. PEP 8 – style guide for Python code, July 2001. www.python.org/dev/peps/pep-0008/.
Winskel, Glynn. *Formal Semantics of Programming Languages*. MIT Press, 1993.

推荐阅读

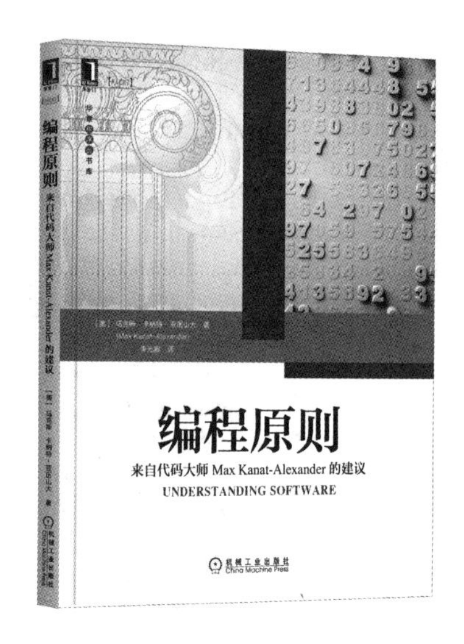

编程原则：来自代码大师Max Kanat-Alexander的建议

[美] 马克斯·卡纳特-亚历山大 译者：李光毅 书号：978-7-111-68491-6 定价：79.00元

Google 代码健康技术主管、编程大师 Max Kanat-Alexander 又一力作，聚焦于适用于所有程序开发人员的原则，从新的角度来看待软件开发过程，帮助你在工作中避免复杂，拥抱简约。

本书涵盖了编程的许多领域，从如何编写简单的代码到对编程的深刻见解，再到在软件开发中如何止损！你将发现与软件复杂性有关的问题、其根源，以及如何使用简单性来开发优秀的软件。你会检查以前从未做过的调试，并知道如何在团队工作中获得快乐。